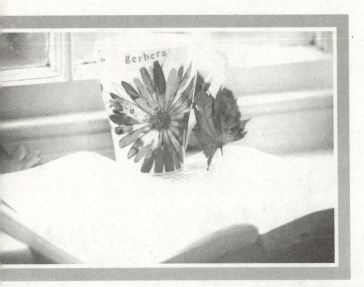

有些事情，你可以早点做出改变
不必非得等到失去的时候痛哭流涕、泪流满面

你当懂得，莫失莫错

写给天下女人的心里话

有些事情，你可以早点改变。
不必非得等到失去的时候泪流满面。

胡南 著
Hu'nan

中国华侨出版社

图书在版编目（CIP）数据

你当懂得，莫失莫错：写给天下女人的心里话／胡南著. —— 北京：中国华侨出版社，2014.2（2015.11重印）

ISBN 978-7-5113-4437-3

I. ①你… II. ①胡… III. ①女性－幸福－通俗读物 IV. ①B82-49

中国版本图书馆CIP数据核字（2014）第030876号

• **你当懂得，莫失莫错：写给天下女人的心里话**

著　者／胡　南

责任编辑／文　喆

责任校对／王京燕

经　销／新华书店

开　本／787毫米×1092毫米　　1/16　　印张／14　　字数／250千

印　刷／北京中振源印务有限公司

版　次／2014年5月第1版　　2015年11月第3次印刷

书　号／ISBN 978-7-5113-4437-3

定　价／32.00元

中国华侨出版社　　北京市朝阳区静安里26号通成达大厦3层　　邮编：100028

法律顾问：陈鹰律师事务所

编辑部：（010）64443056　　传真：（010）64439708

发行部：（010）64443051

网　址：www.oveaschin.com

E-mail：oveaschin@sina.com

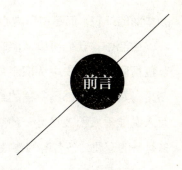

前言

　　曾经看到过一个关于女人幸福的公式，美貌、健康、财富、男人都位列其中，但唯独少了女人自己。这个公式让人感到十分疑惑，难道那些没有财富、健康、美貌、男人的女人就不会幸福了吗?

　　在追求幸福的路上，女人总是喜欢把自己的幸福交付给外界，她们总以为幸福是他人才能给予的。很多时候，她们都以为自己找到了安全的港湾，在它的庇护之下自己可以无忧无虑地度过一生，于是，就放心地将自己的幸福交给了别人，可殊不知交给他人的幸福是最没有安全感的幸福，当有一天风浪来袭的时候，你就会发现原本自己认为安全的港湾此时已经远离，而你的幸福也会被无情的风雨吹散。

　　其实，只有女人自己给自己的幸福才是真正的幸福，所有依托外界获得的幸福都只是幸福的表象而已。女人要学会经营自己的内在世界，幸福是自己给的。既然你有能力去爱，那么你就有能力一个人也感到快乐，这是女人幸福的最好经营之道，千万不要指望别人能够给你阳光和雨露。而人生中的很多道理，女人如果能够越早知道，那么她们距离幸福就会越近。

　　是的，你是一个女人，但是你不要把自己看低，既然来到这个世界上，我们就不会是弱者的代名词。不论你是天生丽质、气质非凡，还是相貌平平、素面朝天，你都有让自己幸福的资本。没有漂亮的容颜，你可以修炼优雅的魅力;没有曼妙的身姿，你可以学会修饰自己。总之，女人真正的幸福，不是来自华丽的外表，而是来自内心强大的自我。

生活中，我们可以从温暖的恋情中感到幸福，从稳定的事业中体会幸福，从值得骄傲的外表中认识幸福，可这些真的就是幸福吗？有人说是，也有人说不是，其实这些都是幸福的组成部分而已。还有人说噩梦中醒来是一种幸福，有人说能爱人和被爱是一种幸福，有人说能平淡地活着便是幸福。这些幸福都各有各的道理，各有各的智慧，但是这些也只不过是幸福的片段而已。

对于女人来说，真正的幸福来自于自己的智慧、勇气和自信，来自于对于自己生活的理解，来自于自己的内心，来自于提前知晓的那些人生道理。

幸福不是别人给的，而是自己创造的，就好像金钱一样，别人不会给你，需要你自己付出努力才会得到。所以，当你觉得自己尚未拥有幸福的时候，不必抱怨，也不要哀伤。其实，幸福和快乐就看你自己想不想要，想要就是你的，不想要你就永远也得不到。

女人要有自己的世界，无论什么时候，都不要让自己将时光浪费在麻将桌上，浪费在东家长西家短的事非上，不要沾染恶习，不要产生报复心理，学会做自己，做健康快乐的自己。要有自己的工作，自己的朋友圈，要会购物打扮自己，即使自己本身并不美丽，也要有独特的优雅和从容。放不下的心事，难以释怀的情绪，就跟死党倾诉，如果实在没有合适的人，不妨在滚滚红尘里找一个可以信赖的他，与他分享你的开心与难过。这些都是你在成长中应该懂得的道理。

女人啊，只有你没有错过这些在人生的成长中应该明白的道理，才能塑造一个内心强大的自己，才能给自己幸福的生活。

目录
C o n t e n t s

第四章 聪明女人一定要懂点儿男人心理学

第五章 婚姻是女人一生的修行

第八章 内在不较劲，外在不抱怨

第九章 珍爱身体，不负自己

第十章 / 得力于平静，强硬于温柔

第十一章 / 女人幸福要回答

第一章

时光有限，你须抓住你应有的资本

随着社会的进步和发展，女性越来越重视与人相处之道。尽管如此，可还是有很多女性走入了误区，这些误区是女性的盲点，如果无法得到及时纠正的话，就会便自己在人际交往中陷入十分被动的境地，处处树敌。其实，女性只要懂得抓住常青的，而不去在意那些易逝的，就能够在人际交往的过程中游刃自如。

1. 培养一颗发现美的心，胜过1000种美容的方法

美都是从灵魂深处出发的。
——别林斯基（俄国）

尽管社会的发展速度越来越快，电子通讯工具的出现也使人们彼此之间的联系变得极为便利，但是人与人之间的关系却没有因为科技的发展与进步变得亲密起来。

相反，人与人之间的距离在无形中变得越来越大，人们开始变得自私冷漠，他们的眼中看不到他人的优点，看到的只是对方的缺点和不足。

一个人如果看他人一无是处，不懂得欣赏别人，那么自己也将难有大的作为。一个人只有学会欣赏他人，发现别人身上的美，才能为自己的发展提供和谐的人际环境。

刀和磨刀石是一对亲密无间的好朋友，刚开始的时候它们彼此欣赏，都认为自己是因对方的存在而变得更加完美的。刀万分感慨地说，如果没有磨刀石的打磨，自己就不会变得这么锋利；磨刀石说，如果没有刀的需要，它就无法实现自己的价值。

可是好景不长，没过多久刀与磨刀石都开始觉得自己的作用和价值更大，它们都认为是自己的存在让对方变得更加完美。两个人经常在主人面前邀功，争得面红耳赤。

这一天，就在双方争吵得不可开交的时候，主人突然说话了，他先慢悠悠地问刀："你知道我为什么喜欢你吗？"

"因为我锋利！"刀炫耀道。

"那你知道你为什么能如此锋利吗？"主人又问。

"那还不全都是我的功劳！"在一旁的磨刀石听到这里忍不住插嘴道。

"哦？"主人接着又问磨刀石："你知道我为什么会看上你吗？"

"因为我有用！"磨刀石骄傲地回答。

"那你知道你为什么有用吗？"主人接着问道。

"那还不是因为有我吗？"一旁的刀急不可耐地说。

主人点点头，说："你们两个一个被我重用，一个被我赏识，其实没有其他原因，只是因为你们谁也离不开谁。你们一旦离开了对方，刀就会变成一块废铁，而磨刀石也会变成一块丝毫没有用处的石头。难道你们甘愿成为废物让我扔掉吗？"

刀与磨刀石听完主人的话之后恍然大悟，遂握手言和。

所以，身为女人，切不能吝啬对他人的赞美。试着去发现别人身上的美好之处，欣赏他人的优点有什么不好呢？几下掌声、几句赞美、几个鼓励的眼神和赞许的微笑，别人或许就会从你的欣赏中获得鼓励、信心以及力量，最终找到对自我的肯定。

女孩们一定要记住，要想得到成功，就要学会欣赏他人，取长补短。学会发现他人之美，能够让我们发现自己的缺点和不足，从而不断反省自己、提高自己，这样做会有助于我们获得成功，实现自己的理想。

聪明的你一定要懂得，倘若你是自幼在赞美声中成长起来，在长大后就会不自觉地开始认为自己就是最好的、最棒的。自信对每个人来说都无疑是好的，但是如果过度自信就会变成自负。当你开始只看到自身的优点，而忽视了他人的优点的时候，你就会变得目中无人，惹人厌烦，同时，你也会因为自满而失去很多值得学习的伙伴。

所以，亲爱的你，一定要培养一颗善于发现美好的心灵，它将胜过1000种美容的方法。

女人心里话

学会发现他人的美好之处。欣赏是人们发自内心的对事物的认可和赞美，懂得欣赏的人，能够拥有世界上一切美好的事物，只要人们能常怀欣赏之心，那么美就在眼前。在这纷扰的世界中，我们要学会欣赏他人，善于通过发掘他人的长处来弥补自己的不足；同时，也要将他人的过失引以为戒。"择其善者而从之，其不善者而改之"，慢慢地你就会发现，其实生活中的每个人都不简单。欣赏别人其实就是审视镜子中的自己，从而更清楚地认识自己，塑造完美的自我。

2. 缺憾何尝不是一种美

> 骄傲的孔雀却生着丑陋的双足；最有风趣最有才智的淑女，也时常会令人讨厌。
>
> ——亨利希·海涅（德国）

古语有云："甘瓜蒂苦，物不全美。"生活中，每个人都会有这样或是那样的缺点。正如这个世界上没有十全十美的东西一样，也不会存在什么完人。但是，追求完美却是人们在成长过程中的一种天性。

追求完美固然是一种积极的人生态度，但是如果过分地追求完美，就会使自己产生浮躁的心理。生活中，有很多女性因为过于追求完美，求全责备，而一直盯着自己身上的缺点不放，让自己一直生活在自卑中。这种对完美的苛求是毫无意义的。

金无足赤，人无完人。金子尚且没有成色十足的，更何况是人呢？所谓的完美，也是相对于不完美而言的。人生没有完美可言，生活中处处都留有遗憾，完美是我们一生的追求，但是不完美才是真实的人生。

有一个圆被劈掉了一小块，它为此甚是苦恼，它想要找回丢失的碎片，变成一个完整的圆。于是它踏上了找寻碎片的路程。由于这个圆并不是完整的，所以它滚动得十分缓慢。一路上，它欣赏到了沿途的美景，它偶尔会停下来闻一下刚开的鲜花，偶尔同路边偶遇的虫子们聊聊天，在路上它结识了很多朋友，它一边寻找一边享受着温暖的阳光的洗礼。一路上，它找到了很多的碎片，可都不是原来的那一块，但是它并没有放弃寻找。

这个残缺的圆不停地找啊找，终于有一天，它实现了自己的梦想，找到了缺失的那块碎片。"这样一来，我终于是完整的了。"圆心里这样想着。可是，作为一个完整的圆，它滚动得太快，于是它在快速的滚动中错过了花开的时节，忽略了虫儿的吟唱，冷落了昔日的朋友，它发现它的整个世界都变了样。"难道这就是我想要的吗？其实，我还是比较喜欢之前的生活。"当它意识到这一切的时候，它毅然舍弃了千辛万苦才找到的那块碎片。

这则故事告诉我们，这个世界上没有那么完美的东西，很多时候，或许正是我们的不完美才真正体现出我们的真实。所以，那些还在为自己的不完美而自怨自艾的女孩们，抛开这些想法吧，世界上没有两片完全相同的树叶，同样人类也是如此，每个人都有自身的优点和缺点，但是我们一定要正确地认识自己，既要看到自己的长处，也要看到自己的短处。

智者再优秀也会有缺点，愚者再愚笨也有他人没有的长处。所以，平日里不论对己对人还是对事，都不要过于苛求，多做一些正面的评价，不要用放大镜去看缺点，细心地去观察每个人，以宽容之心包容其缺点。

所以，女孩们不要再为自己的不完美而懊恼了，要知道你的很多朋友也都不是十全十美的人，要知道，真实的人都是不完美的。世界上的一切都有缺憾，我们只有正视这一点，才能够直面人生。

女人心里话

人们总是在欣赏别人的时候一切都好，而在审视自己的时候就是一团糟。其实大可不必如此，你同别人一样，也是一道风景。平凡一定不能是你自卑的理由，在变成白天鹅之前，我们每个人都是丑小鸭。

每个女人都有自己的优势，只是你自己看不到而已。如果，每个女人都有足够自信的理由，做最好的自己，那么你的生活就会变得精彩起来。

3. 你不是天使，不用取悦所有人

> 所有的人都应作为平等者来对待，而不是讲所有的人都应同等地对待。
>
> ——罗纳德·德沃金（美国）

人与人之间的差异性就注定了每个人的人生是不同的，也正是因为这些细微的差别，才使得这个世界变得绚丽多彩。但是，有些女人总是十分在意他人的评价和看法，不论什么事情，都想让所有的人喜欢，因此她们常常会委曲求全，用别人的"尺度"来衡量自己，妄图讨对方欢心，殊不知，这样做只能让自己变得越来越不自信，生活越来越不开心。

爷爷带着孙子进城去看花灯。路上，爷爷心疼孙子，于是就让孙子骑着毛驴，自己在旁边跟着走。走着走着，忽然他们就听到路边有人在议论："这孩子真不懂事，自己骑着毛驴，却让老人跟着走，真是太不孝了！"爷孙俩听到别人议论，于是孩子下了驴，爷爷上了驴。两个人又继续往城里走，走着走着，忽然他们又听到背后有人议论说："这个老头真是的，自己骑着毛驴，让这么小的孩子跟着走，真不像话！"爷孙俩听到别人的议论，一时间不知道谁该骑驴谁不该骑驴了，于是爷孙两人一合计，都骑！孩子上驴后，他们继续往城里走，走着走着，忽然听到一位智者说："这两个人怎么可以这样，你看这可怜的驴子都累成什么样了？"爷孙俩听到后又赶忙下来，牵着驴走。这时，路边又有人笑道："这爷孙俩真是愚蠢，有毛驴不骑，可怜可怜。"最后，不知道该如何是好的爷孙二人只好抬着驴进城去看花灯了。

看完这个故事大家都不禁莞尔而笑，这一老一少被他人的意见弄得左右为难，真是愚笨。其实，这爷孙二人不正是我们生活中大部分人的写照吗？我们总是会在不自觉中为了去迎合他人、讨好他人，而被别人的意见所左右，其实，这又是何必呢？

现实生活中，很多人为了赢得他人的赞许，博得他人的好感，会把他人的要求作为自己生活的目标，有时甚至还会抛弃很多自己的爱好和兴趣。一个人活在世界上，首先要做的是实现自己的人生价值，而不是为了求得所有人的认同和拥护。大千世界，芸芸众生，总会有一些不喜欢自己或者自己不喜欢的人，既然不论我们怎样努力都有一些人的看法我们无法改变，那么又何必为了讨他人欢心而委屈了自己呢？不论你怎么努力，你都不能让所有人都对你放下敌意，成为你的朋友。有敌人很正常，这并不是一件让人丢脸的事情，所以，我们完全没有必要花费太多的精力和时间去讨好他人。与人相处能够左右逢源、八面玲珑固然是好的，但是"只得一知己"的人生不见得就是悲哀的。

既然他人对你的态度不一，那么你也没有必要对他人都是一样的好。如果别人对你有不满，那就让他有好了，你又何必在乎呢？别人不看重你，并不意味着你的价值就不存在；别人看轻你，也不代表你就真的一无是处。任何人都能够随意发表对你的看法和意见，但是你真的没有必要为了去迎合谁，而让自己变得面目全非。人生在世，如果我们总是患得患失，过于注重他人的看法，将自己的得失建立在他人的建议和言行上，那么你又怎么能够过得开心呢？你就是你，是这个世界上独一无二的，那么你厚着脸皮对不同的声音微笑，又有什么不妥呢？

一个太在意他人看法、对谁都好的人，其实并不是为了自己而活，他们更多的是为了他人对自己的美好评价而活的。这样的生活是乏味的，是没有意义的。一个人可以适当地参考他人对自己的意见，以此来不断地提高自己，但是如果过于在乎他人对自己的评价和看法，完全为了取悦对方而改变，未必就是博取众家之长，更多的可能会让你消磨掉自己原来的特质。

4. 做情绪的主人，才能做生活的主角

> 每个人都可能诚实地说什么，但要说得有条不紊，明智又恰当，却没多少人能够做到。
>
> ——蒙田（法国）

生活中，每个人的脾气秉性都不相同。脾气好的人，不论走到哪里都会受人欢迎；而脾气不好的人，则会让他人感觉难以与之相处。现在的年轻人都年轻气盛，脾气暴躁，他们遇事容易冲动。尤其是当他们遇到不顺心或者自己看不惯的事情时，则更容易发脾气，有时甚至还会跟家人争吵，说出一些口不择言的话，伤了家人和朋友的心。

有一个脾气很坏的小男孩，每当他生气的时候就会摔摔打打，说出一些让人难堪的话语来。有一天，爸爸给了他一袋钉子，并告诉他，每当他发脾气或者与别人吵架的时候，就在院子的篱笆上钉一颗钉子。小男孩答应了，结果第一天，他钉了37颗钉子。后来的几天，他开始学着控制自己的脾气，渐渐地每天往篱笆上钉的钉子也越来越少。小男孩觉得，其实控制自己的脾气要比往篱笆上钉钉子简单多了。终于有一天，他一根钉子都没有钉，于是他高兴地跑去把这件事情告诉了爸爸。

爸爸听完后先将小男孩夸赞了一番，然后说："那么，从今以后，如果你一天都没有发脾气你就可以从篱笆上拔掉一颗钉子。"小男孩欣然允诺。日子一天天过去了，篱笆上钉子的数量也在慢慢减少，终于有一天，钉子被全部拔光了。他兴高采烈地把爸爸带到篱笆旁边，指着篱笆高兴地对爸爸说："爸爸，你看钉子都被我拔光了。"爸爸摸着小男孩的头，说："儿子，你做得很好。可

是，尽管篱笆上的钉子已经拔光了，但是这些洞却永远留在了这里。你在生气的时候，口不择言说的那些伤人的话就像是钉子一样钉在了别人的心上，尽管钉子会被拔掉，但是留在心上的伤痕却再也无法复原了。就像你拿刀子捅别人一刀，不论你怎样道歉，那个伤口留下的疤痕将会永远存在。孩子，你要记住语言给人们带来的伤痛就像真实的伤痛一样难以恢复。人们身体的创伤会有抚平的那一天，但是人们心灵上的创伤却无法修复。"

很多时候，人与人之间总是会因为一些彼此无法释怀的坚持，而给对方造成永久性的伤害。所以，女人们当你们与他人相处的时候，不论说话或做事一定都要先考虑一下后果，因为当你将这句话说出口或者将这件事做出来的时候，它所造成的结果就像是将钉子钉在篱笆上一样，尽管钉子会被拔掉，你也可以道歉，但是钉子留在篱笆上的洞却永远都不会消失。所以，我们在说话或做事的时候，一定要先往远处想想，一定要慎之又慎，以避免给他人造成不必要的伤害。

在与他人相处的时候，我们不妨把愤怒或尖酸刻薄的语言转变成对他人的赞美。懂得赞美他人的女孩是受人欢迎的。而会巧妙赞美他人的女孩最出色，当我们把给他人带来伤害的语言转变成赞美他人的语言的时候，不仅能够使他人的心情愉悦，同时也能让自己变得更受欢迎。

不论我们平时是有多么伶牙俐齿，在讲话的时候一定要懂得把握分寸。生活不是辩论会，不需要大家针尖对麦芒地你来我往。学会控制自己的情绪，多看到他人好的一面，学会赞美，这样一来，我们就能够避免给他人造成不必要的伤害。

5. 不是世界太过复杂，而是你太过大意

害人之心不可有，
防人之心不可无。
——洪应明（明朝）

随着近年来针对女性诈骗案件的高发，越来越多的女性开始感觉到不安，她们认为如今的社会变得太过复杂，而自己或许就是下一个受害者。女性的这种心理可以理解，但是这种担心却实属多余。人们之所以会被骗，完全是因为自己平时不够谨慎，防范意识不够。

对于女性来说，只有具备了严谨的性格，有足够的防范意识才能够走得稳，走得远。如果想让自己在社会这个大舞台上少栽跟头，就一定不要忽略那些简单的事情，和一些被他人认为不重要的细节。在生活中，时刻保持一颗严谨的心，加强自身的防范意识，才能够让自己行走得一路顺畅。

有一只猫十分厉害，它是大家公认的捕鼠能手，天生是老鼠的克星，捕鼠器、灭鼠药在它面前都不值一谈，所有的老鼠只要见到这只猫就立刻被吓得魂飞魄散。由于这只猫的威名远播，所有的老鼠都谈猫色变，所以它所到之处老鼠们都吓得躲在洞里不敢出来觅食。猫见此状况心生一计，它把自己倒吊在房梁上，而且狡猾的它还抓着一根绳索。

这只猫就这样倒吊了两天两夜，所有的老鼠见此情景都放下心来，它们都认为这只可怜的猫肯定是偷吃了主人的东西或者闯了什么祸才落得如此下场。一时间，猫死了的消息传遍整个鼠界，它们决定出去找点儿吃的庆祝一下。它们试探了几次觉得并无危险之后就大摇大摆地从洞中出来，伸伸懒腰，开始四

处找吃的去了。就在这时，"死"猫竟然复活了，老鼠们被这突如其来的袭击吓得四处逃窜，行动迟缓的老鼠被这只猫一网打尽。

死里逃生的老鼠们没过多久就把这次教训给忘记了。有一天，它们外出觅食，看到一个开了盖的面包箱内有新鲜的面粉，老鼠们见状纷纷向它奔去。只有一只之前侥幸从猫口逃生但是断了尾巴的老鼠说："这团面粉再好我也不能要，肯定是有什么计谋在里面。"果然，没过多久它就听到了同伴们的惨叫。

经过几次与猫的交锋，这只断了尾巴的老鼠开始渐渐熟悉了猫的行事模式，它渐渐地开始对周围的一切都提高了警惕。其他的老鼠都嘲笑它，说它的胆子已经被猫给吓破了。可是不论同伴如何嘲笑，这只老鼠都不为所动。它依然秉持着自己的原则。

最终，这群老鼠几乎都被捕捉殆尽，只有断尾老鼠活了下来。因为它时刻都小心谨慎，所以，才让它在危险尚未发生的时候就及时规避，保住了自己的性命。

对于老鼠来说，猫就是它们世界里最为险恶的敌人，可是即便是再厉害的猫也有抓不到的老鼠，这是因为老鼠们时刻保持着警惕，有着很强的防范意识，所以，任凭猫怎样变换伎俩，伪装自己，都不能抓到时刻谨慎，防范意识最强的那只老鼠。

所以，不论现实社会中的"猫"有多么阴险狡诈，环境有多么险恶，只要我们能够时刻保持警惕，提高自身的防范意识，就能够规避现实中的种种风险和潜在的危险。

对于老鼠来说，只有谨慎才能让它存活下去；而对于猫来说，谨慎也是它抓到老鼠的唯一方法。所以，猫和老鼠之间的生死对决就是一场比谁更加谨慎的游戏，输的一方将要付出惨重的代价，甚至是自己的生命。

6. 善待他人，生命因爱而美丽

我爱，因为我有爱。

我是幸福的，因为

——伊丽莎白·白朗宁（英国）

　　女性时常会因为自身或他人的缺憾而感到遗憾，其实这本就是生活的常态，没有什么值得遗憾的事情。只要我们能够从内心接受自己，爱自己，之后由己及人，能够从内心接受他人，爱别人，才能够拥有快乐的人生。

　　每个女人都知道，在与他人相处的过程中，自己是最大的敌人。你可以选择成为自己最好的朋友，也可以选择成为自己的敌人。在这两种极端的选择中，只要稍有迷失就会造成不可弥补的结果。此时，唯有让自己的心灵植根于积极的土壤中，才能够拥有对人对己的宽容。学会从内心善待自己，善待他人，你会感受到这个世界的真诚与美好。

　　女人要想爱别人，首先要学会爱自己。女人要爱自己，就要按照自己喜欢的方式去生活，而女人如果想要生活的幸福，就必须要按照自我的方式去生活。如果，在生活中你迷失了自我，让自己盲目地去遵循他人的价值观，一味去取悦别人，最终你会发现，你根本就做不到让所有人喜欢。既然如此，那还不如好好地爱自己，按照自己喜欢的方式去做事。只有学会爱自己，先把自己取悦了，才能够学会怎样去爱别人。

　　你就是自己的中心，一个人没有必要刻意去追求他人对自己的认可，只要你能够按照自己的方式随意地过活，好好地疼爱自己，那么生活中就不会有什么事情能够将你压倒。生活中没有一成不变的规定，所以，只要你有勇气去改变，世界就会随着你而改变。

　　人与人之间能够相遇已经是莫大的缘分，所以，当我们在他人需要关心的时候自愿奉献出自己的爱心，关爱他人，如此一来彼此都会感受到温暖。

特蕾莎修女一直秉承着这样一个信念："人活着，除了需要口粮外，也渴求人的爱、仁慈和体恤。今天，就是因为缺乏相爱、仁慈和体恤的心，所以人们的内心极度痛苦。"基于这样的信仰，特蕾莎修女毅然离开家乡来到被人们称为"噩梦之城"的加尔各答，走进了那些不避风雨的贫民窟。特蕾莎修女的一生都在为那些需要关心和爱护的穷人服务。过度的操劳和奔波使她原本就干瘦的身躯变得伛偻，岁月也在她的脸上毫不留情地刻下了痕迹，特蕾莎修女一生的财产只有一部电话、两件换洗的粗布纱衣和一双已经磨损得不成样子的旧凉鞋。

正是特蕾莎修女对印度人民无私的关爱，使她赢得了全世界人民的爱戴与尊重。在特蕾莎修女出殡的那一天，当她的棺椁被抬起来的那一刻，包括印度总统在内的现场的所有人都双膝下跪，道路两侧高层住宅里的居民也全都跑下楼来，没有人敢站得比她高，因为没有人比她付出的还要多。

特蕾莎修女不论在什么时候都永远关爱他人，与人为善，她在关爱他人的时候，自身的灵魂也得到了升华，这也是对自己另一种形式的关爱。

所以，在同他人的交往中，我们不仅要学会关爱自己，不被他人的价值观所左右，按照自己的想法自在地生活；同时，我们也要学会关爱身边的人，由人及己，我们对他人的关爱总会以另一种形式再回馈到我们身上，最终关爱他人就等于是关爱自己。

爱表现在善待自己、善待他人、能够为他人着想、喜欢与他人分享喜悦。幸福，不论于谁而言都不仅仅是物质上的施予，它更多的是人们精神上的关注和赐予。物质是人们可以通过劳动换取的，而发自内心的关爱与开心却是金钱无法买到的。所以，女人们，不论是爱自己还是爱别人，都一定不要仅仅局限于物质上的满足。

7. 你可以让步，却不能一味地迁就

朋友间当遵守以下法则：不要求别人寡廉鲜耻的行为，若被要求时则应当拒绝之。

——西塞罗（古罗马）

在与他人相处的时候，我们总会发现身边有一些凡事都会迁就别人，对他人有求必应的人，这些人通常都不会拒绝别人，对于他人的无理要求，即便是自己做不到也要硬着头皮答应下来，他们总是在不断地让步，他们在不断地让步中丢掉了本来的自己。

正在读大学的玛利亚每月有五英镑的生活费，这些钱原本应该是够用的，但是由于她不会拒绝，所以总是感到拮据。

为了应付这些不必要的开支，玛利亚每个月都得节衣缩食才行。

这个月，在玛利亚身上只剩20先令的时候，她收到了姑姑的来信，姑姑在信中对她说，自己要在下周四到城里办点儿事情，顺便和她吃顿午饭。

姑姑一直都很疼爱玛利亚，所以她提出的这个请求玛利亚自然是没有办法拒绝的，但是吃饭也不能让姑姑来付账。可是，自己就只剩20先令了，怎么办好呢？玛利亚突然想起来，她知道有一家餐馆的饭菜物美价廉，她想，要不就带姑姑去那里吃饭吧。

转眼周四就到了，姑姑如期而至。一见面姑姑就笑盈盈地问玛利亚去哪里吃，玛利亚让姑姑来做决定。姑姑说道："午饭我从不多吃，不如我们去一家好一点儿的餐馆吧。"

听到姑姑的这个建议，玛利亚心里叫苦不迭，但还是答应下来。两个人在路上走着，忽然姑姑指着一家装潢豪华的餐馆说："我们去那里吃吧。"玛利亚知道那家餐厅的食物都很贵，但她还是硬着头皮答应下来了。

走进饭店，姑姑看着侍者递过来的菜单，问玛利亚："我吃这个好不好？"玛利亚看到姑姑点的是最贵的鸡肉，玛利亚点头说好，随即给自己点了一份最便宜的。随后姑姑又要了一小块奶油蛋糕、一杯咖啡和一些水果，玛利亚看着心中不禁暗暗叫苦，可是为了能让姑姑高兴，她什么都没有表现出来。

等到吃完饭之后，玛利亚接过账单顿时傻了眼，刚好20先令，于是她就在托盘里放了20先令，没有侍者的小费。姑姑看了看钱，又看了看玛利亚，说道："你只有这些钱了吗？"

"是的，姑姑。"玛利亚羞愧地回答。

"孩子，你知道所有语言当中，哪个字是最难念的吗？"姑姑问。

玛利亚摇摇头："是什么？"

"就是'不'这个字。随着你的成长，你要学会使用这个字，不论是对谁。其实，我早就料到你没有足够的钱来结账，但是我还是想给你一个教训，我之所以不停地点最贵的东西，就是想看看你是否懂得拒绝，可是你并没有。"姑姑说着付了账。

与人交往中，凡事都要量力而行，面对他人的请求，如果是合理的，你有时间并且有能力帮助他人完成的时候，一定不要拒绝，但是当你遇到力不能及的请求的时候，一定要果断地说"不"，切不可碍于面子应承下来。

拒绝是一门艺术，更是一种智慧，试想一下，如果你根本就无法完成这件事，但还是硬着头皮接下来，结果却无法收场，如此一来，自己丢的面子会更大。其实，懂得适时地拒绝别人才是成熟的开始。

8. 礼仪周全，再熟悉也不失分寸

礼仪的目的和作用本在使得本来的顽梗变得柔顺，使人们的气质变温和，使他敬重别人，和别人合得来。

——约翰·洛克（英国）

古语云："无礼不能立。"中国是一个拥有五千年历史文明的礼仪之邦，讲究文明礼仪是人们的处事根本，哪怕是与相熟的人，在相处的时候也要注意礼仪的使用。我们在面对不同的交往对象的时候，会有不同的礼仪与之对应；在不同的场合，也有相应的礼仪。总之，只要我们需要同他人交往，就必须要讲究礼仪。是否对人以礼相待，是一个人的精神面貌和文化素质的直观反映。

礼仪是人类文明的一个标志，《晏子春秋》中讲："凡人之所以贵于禽兽者，以有礼也。"礼仪是维持良好人际关系的纽带，是维护正常社会秩序的"润滑剂"。现在，我们生活在一个复杂的关系网中，每个人不论是否愿意都必须要同外界交流，只有这样才能拓展自己的人脉，让自己能够更好地立足于这个社会。但是，现代社会越来越多的人开始忽略礼仪，他们总是以自我为中心，不懂得应该怎样与他人和谐相处，他们不明白礼仪在人际交往当中的重要性，不知道应该怎样为人处世。

刚刚踏入社会的女孩必须要学习的课程就是如何与他人相处，因为一个人不管有多么聪明、多么能干、家庭背景有多么的优越，但是如果他不懂得如何做人、不明白人情世故，那么他最终的结局终将是失败的。很多人之所以一辈子都碌碌无为，是因为他们终其一生也没有弄明白应该怎样为人处世。

文明礼仪代表着一个人的价值和修养，这直接决定了他人对你的直观印象。很多时候，礼仪要比学历、能力更有说服力和震撼力。

　　其实，我们生活在一个十分现实的社会中，很多事和很多人都是我们想要改变，但是却无力改变的，既然如此，我们要做的就是让自己去努力地适应这个社会。如果你在生活和工作中不想处处碰壁的话，就必须学会一些交际礼仪，学会灵活处事。可是很多女孩都不知道在生活中应该如何去注意礼仪，其实只要有心，要想学会这项技术并不难。而且，与他人相处时的礼仪是有秘诀的，人们按照这个秘诀来做，不能说能做到面面俱到，但是却能让我们在与他人的交往中做到不失礼节。简单来讲，这个与人相处的秘诀就是：心中有他人。

　　当我们在与他人相处的时候，我们的每一个礼仪的细节都会在不经意间闯入他人的视线，而正是这不经意的一瞥就会成为他们判断你的为人的重要依据。

　　真正的礼仪是伪装不来的，因为它是在我们的日常生活中养成的一种不自觉的行为习惯，而且礼仪是从一件件小事上体现出来的，是人们在日常生活中为人处世的一个标准。真正有礼仪的人，对待任何人任何事都是彬彬有礼的态度，都是有着美好心灵的人。

　　很多女孩觉得礼仪就是做给别人看的，只要面子上能过得去就行了。其实事实并非如此，礼仪是一种由内而外的表达，如果礼仪只是如蜻蜓点水般做到表面，而并非是由自己的内心发出的，那么很快就会被对方发觉，他们进而会认为你是一个虚伪的人。只有真正发自内心地关照他人的需要，礼节才会显得周全且自然，也才能够真正赢得对方的信任与喜欢。

　　在日常生活中，即便是与相熟的朋友之间也不可忽略了礼仪的作用，相熟的人之间使用恰当的礼仪能够使双方的感情变得更加牢固。

　　在与他人相处的过程中，如果不知道应该怎样才能做到礼仪周全，那么在与他人谈话的时候，只要记得态度尽量谦和，经常用一些谦让语，如："请"、"对不起"、"您好"、"谢谢"、"麻烦了"、"抱歉"，会让你待人处事变得更加顺利。

9. 做个讨人喜欢的女人

爱人者，兼
其屋上之乌。
——伏胜（汉朝）

人生在世离不开三件事情，分别是：说话、办事和做人。想要做一个什么样的人，这是每个人都必须要面对的一个问题。如果你能够妥善地处理好这三件事情，那么不论你走到哪里都会人见人爱，而当你办起事情来的时候也会显得十分顺利。

做人，是一门很大的学问，它需要人们在生活中不断地实践、总结和提炼，它是每个人的立身之本。在生活中，每个人都会做人，但是每个人又不都会做人，都说做人难，难做人，可是很多人在说这些话的时候还不明白何为做人。其实，做人就是要学会对他人谦让、尊敬他人、关爱他人、宽容他人、善待他人；平日里处事不张扬、不显露、不虚伪，这些是人们在做人和为人处世时的基本之道。如果你做人能够实在且低调，那么就一定能够受到大家的喜欢，如此一来不论你做什么事情都能够变得十分顺利。

在与他人相处的过程中，要做到实在而低调，不过这不是一时半会儿就能够学会的，有些时候人们需要用尽毕生的时间去思考和实践。

办事，是一个人的能力和才干的体现。所谓"办事"其实就是指在与人交往的过程中将事情处理得圆圆满满、妥妥帖帖，而且自己在处理起来的时候也十分得心应手。在与他人相处的过程中，处理任何事情——上级的指示、上司交办的事情、下属的请示、同事的委托、亲友的吩咐——都要办得明明白白的，而不是稀里糊涂就过去了。不论做什么事情，都要及时处理，切记不可拖沓；要严谨细致，不可粗枝大叶，丢三落四；要有始有终，莫要虎头蛇尾。

不仅办事的方法要有所讲究，而且办事的心态也很重要，在办事的时候一定要端正自己的心态，只有心态好，办的事情才能够圆满，而想办法调整好自己办事的心态，又与做人有直接的关系。

在现实生活中，做人与做事其实是相辅相成的，学会做人是为了能够更好地做事。而人生的价值正是通过人们不断地去所完成需要做的事情而展现出来的。同时，也只有通过做事，让自己在实践中加强锻炼，才能更好地学会如何去做人。

做人与办事都离不开日常的交流，同时也离不开社会活动。语言是人们在交往时的媒介，能够起到桥梁的作用。所以，你会说话，知道应该怎样说话也是你能够获得他人喜欢的一个重要的课题。

说话，其实就是一种情感的交流。在很多情况下，只有把话说好，说到位才能够收到事半功倍的效果。可是怎样才能够把话说好，说到位呢？其实只要时刻谨记：赞扬远比指责能够激励对方的自信心和进取力；鼓励会胜过世上任何一种良药。见到什么样的人说什么样的话，在什么场合发表什么样的言论都是非常有讲究的。那些不分场合、对象，见到人就胡言乱语一通的人，必定会惹人厌烦，这样不仅会影响自己的办事效率，还会被人质疑自己做人是否有问题。

当你能够熟练掌握做人、办事和说话这三大生活技巧之后，你就能够轻易地虏获你身边的人的欢心，那么今后不论你遇到什么场合、面对什么样的人、要做什么样的事，都能够泰然处之，因为当你在遇到困难的时候，你身边的人都愿意伸出援手，帮你一把，而你做事也会变得越来越顺利。

学会做人、学会办事、学会说话，是人生的三大生活技巧，缺一不可。会做人，也会办事；会办事，要先会做人。同时，会说话，也是会办事和会做人的重要内涵，掌握了说话的技巧，做人可以做得练达，办事可以办得聪明、圆满。所以说，掌握了这三大技巧，也就掌握了成功人生的金钥匙，人生一定会过得十分美满。

10. 吃亏也是一种福分

认为自己是一个怎么都会吃亏的特殊人，这样的人的痛苦是没有人知道的，没有人理解的，没有人同情的。

——海塞（瑞士）

有"扬州八怪"之称的郑板桥先生不光画画得好而且书法也相当了得，而且他所有书法当中"吃亏是福"这四个字的拓片为很多人所珍爱，但是能够参透其中真意的人却并不多。

世间万物都是一分为二的，通常有其利就有其弊，所以在与他人相处的时候吃点儿亏并不一定是件坏事。

著名的社会心理学家霍曼斯提出，人际交往的本质其实是一个社会交换的过程。可是，不论什么时候人们似乎都很忌讳将人际交往和交换联系起来，他们认为这很庸俗。其实，我们在与他人的交往中总是在交换着某些东西，或者是物质，或者是情感，或者是其他。人们都希望交换对自己来说是值得的，希望在这个交换的过程中自己的获得能够大于失去，只有这样，我们才会倾向于与对方建立并保持良好的关系。

人的本性总是倾向于获得，人们都不希望自己有所损失，且讨厌吃亏。占了便宜就偷着乐，一旦吃亏就会耿耿于怀。可是，人生是相对公平的，你不可能事事时时处处都占便宜，总会有吃亏的时候。以乐观豁达的心态来面对吃亏，不仅能够收获福气，而且也是一种为人处世的大智慧。

很多女性在与他人交往的时候总是会认为自己吃亏了，从而感到沮丧和痛苦，长此以往，她们会感到生活很累，变得郁郁寡欢，有些甚至还会因此闹出点儿病来。其实，与他人交往中有一个平和的心态是最为重要的，百岁高龄的余文顺老人说："不占别人的便宜，不要怕吃亏，路要走，但要看得清楚，这就是我的长寿秘诀。"由此可见，好的心态和心情对人有多么重要。

如果你不害怕吃亏，那么你就一定不会吃亏，而那些害怕吃亏的人却会经常吃亏。世事就是如此，有失就会有得，有得自然就会有失。很多人都感觉好人难当，那是因为他们把吃亏当成了一种交换，这次我对你好，那么下次你就一定要对我好，这一次我让着你，那么下一次你就要让着我，如果不这样做的话，自己就吃亏了，就会觉得不平，其实你已经不知不觉掉进了自己设定好的圈套中。其实，这也是害怕吃亏的一种表现，人们只有从物质利益中超脱出来，对待任何事情都不讲条件、不求回报，不认为什么本就应该是自己的，唯有如此，才能够每天都生活得很快乐，当你不去计较，你就会发现原来世界是如此美好。古语有云："利人就是利己，亏人就是亏己；让人就是让己，害人就是害己。君子以让人为上策。"

当今社会很多人都不愿意吃亏，害怕吃亏，其根本在于他们的价值观发生了颠倒，他们的内心讲究的不是求真务实，有的只是虚伪贪婪。可是，如果我们能够看到财富之外的东西，放慢自己的脚步，减少对物质的依赖，用欣赏的眼光看待生活，等到我们的内心沉静下来的时候，我们就会发现原来我们得到的远远要比失去的多，此时幸福感就会油然而生。

女人心里话

在与他人交往的时候，不妨大方地将自己的资源同朋友共享，唯有如此，朋友们的资源大门也才会为你打开。人们的友谊也便在这种公平的交换方式中生存发展起来，并且变得越来越厚实，越来越牢靠。所以，不要害怕吃亏，它会让我们得到很多我们没有的东西。

第二章

人生的起点不重要，终点靠自己

人生是一场马拉松比赛，每个人的生命起点并不一样，这是每个人无法左右的事情，但是最终的结果却是看谁能坚持到最远、最后。人生总是免不了磕磕碰碰，而在这场比赛中，能否到达终点就在于人们对待这场比赛的态度，如果在遇到磕碰之后继续前行，那么自然就会获得成功，但是，如果你放弃了，那么你将永远不会到达终点。人生的这场马拉松，不在乎你能跑多快，而在乎你能跑多久。

1. 不甘于平庸，就一定要给自己一个目标

一个崇高的目标，只要不渝地追求，就会成为壮举。
——华兹华斯（英国）

人生并不是一场漫无目的的散步，而是一场竞争激烈的马拉松。这是一场一生只此一次的比赛，所以如果不想让自己的成绩过于平淡无奇，那么就赶快给自己设定一个目标吧，只要每天朝着这个目标不断去努力，终有一天，你会成为这场人生比赛的赢家。

不论是谁，生活中如果没有目标，那么就不会拥有任何成就；如果目标渺小，那么肯定也不会有大的收获。生而为人，如果没有一个确定的目标，就只能平庸一生。

1953年，耶鲁大学对一群即将毕业的学生进行了一次有关人生目标的调查。当这些学生被问及毕业之后是否有明确的目标以及书面计划时，只有3%的人给出了肯定回答，表示自己有清晰且长远的目标。20年后，有关人员对这些毕业生进行了跟踪调查，结果显示，这3%的学生在毕业后都朝着各自的目标不懈努力，最终他们成为了社会各界的精英。

英国有一句谚语："对于一艘没有航向的船来说，不论什么风向都是逆风。"在人生的旅途上，如果没有目标，那么人们不仅会失去动力和原则，而且也会让自己深陷各种矛盾和冲突之中无法自拔。给自己设立一个清晰的目标，它既是我们不断努力的依据，同时也是我们前进路上有效的鞭策。只有明确了自己的人生航向，我们的航行才能够顺风顺水，最终到达理想的彼岸。

平淡无奇的树根在遇到根雕大师之后就会变成一件价值连城的艺术品，而一名优秀的根雕大师不在于他能把树根雕刻得多么生动，而在于他能否根据树根的天然形状顺势雕刻出栩栩如生的形象。我们的人生就像是树根一样，有着不同的形状，而它最后究竟是变成一件雅俗共赏的艺术品，还是仍旧是毫不起眼的烂树根，关键就在于我们是否能够给自己进行准确的定位。所以，在给自己设定目标之前，一定要先给自己进行准确的定位。只有清楚地知道自己喜欢干什么、适合干什么、自己的优势在哪里，才能制定出一个清晰且长远的目标。

纵观各界成功人士，不难发现他们大都是一些资质平平的人，而并非天资聪颖，天赋异禀的"天才"。在生活中，我们也可以看到，一些看似天资平凡的年轻人却能够取得远远超过他们实际能力的成就；而那些智力超群、才华横溢的才子们，却整日奔波劳碌，最终一事无成。很多人对此感到不解：为什么这些资质平平，有些甚至在学校里排名末尾的人能够取得如此大的成就，在人生的旅途上，把我们远远地抛在身后？

其实，这种现象一点儿都不难理解，这些资质平庸的人之所以能够取得我们无法得到的成就，上升到我们无法企及的高度，只是因为他们自身不甘平庸，在人生这场马拉松一开始的时候他们就给自己制定了一个清晰明确的目标，并且在以后的日子里他们能够专注于这个目标，不断地努力，最终取得了我们看似无法取得的成绩。

女人心里话

我们要想掌握自己的人生，就一定要先明确自己的目标是什么。只有找到为之努力的方向，并且不断朝着它努力，才能不断地提高自己的能力，促进自身的成长，最终收获精彩的人生。

要把目标刻在水泥上，把计划写在沙滩上。当最终目标一旦被确定，就不要轻易更改。不过，我们可以不断修正帮助我们达成目标的计划，甚至包括我们在实现最终目标之前的各个分级目标。

2. 你的梦想就是你未来的样子

梦想本身有一种巨大的魔力，它能够不断地召唤人们前进，给人们指引正确的方向。列夫·托尔斯泰将梦想比作人们前行道路上的指路明星，如果没有了梦想，那么我们在前进的道路上就会迷失方向，一旦我们迷失了方向，就无法拥有美好的生活。的确，梦想是对美好未来的向往和追求，它在我们每个人的生命中都是不可或缺的。因此，不管你的梦想如何模糊，也不管你的梦想看起来有多么不切实际，只要你能够勇敢听从梦想的召唤，正确对待它，并且坚持不懈地走下去，我们的人生终将会出现另一种辉煌与色彩。

> 一个人可以非常清贫、困顿、低微，但是不可以没有梦想。只要梦想存在的一天，就可以改变自己的处境。
>
> ——奥普拉·温弗瑞（美国）

一位出差归来的父亲给自己的两个儿子带了一份礼物——竹蜻蜓。当兄弟二人急不可耐地将礼物打开之后却大失所望，因为他们发现这件礼物不仅名字怪而且样子也怪。可是父亲却告诉兄弟二人，这个神奇的东西能够在空中飞翔。那个时候，天空还是属于鸟儿的，从未有任何人造的东西能够在空中翱翔。

兄弟二人对父亲的话产生了质疑，他们对父亲说："只有鸟儿才能够在空中飞翔，它没有翅膀为什么也会飞？"父亲没有说话，而是将竹蜻蜓的螺旋插到木棍上，然后两手用力一搓，只见竹蜻蜓带着嗡嗡的声音向空中飞去。兄弟二人看得目瞪口呆。正是因为这份小小的礼物，一个关于飞翔的梦想悄悄埋进了兄弟二人的心中。

长大后，兄弟二人致力于飞翔的研究。当时关于人类飞行方面的书籍寥寥无几，兄弟二人把他们所能找到的所有关于飞行的书籍都借到了手，他们根据为数不多的资料开始研制飞行器。在研究和实验的过程中他们遇到了很多的挫折和困难，吃了很多苦，经历了无数次的失败和嘲笑，但是那个关于飞翔的梦想却始终没有熄灭。因为有梦想作支撑，兄弟二人废寝忘食地研究着，后来他们终于实现了儿时的梦想，发明出了一种能够飞上蓝天的机器，而且他们的这一发明改变了人类社会文明的进程。这兄弟二人就是飞机的发明者——莱特兄弟。

正如一句广告语说的那样："心有多大，舞台就有多大。"莱特兄弟想要飞翔的梦想，让他们最终征服了蓝天。

但是，女人们也要时刻谨记，实现梦想的道路不会是一帆风顺的，我们总是会遇到这样或那样的困难，行走在实现梦想这样一条既漫长又艰辛的道路上，我们一定要有足够的耐心和恒心才可以。在这条路上遇到的坎坷或者磨难，会让没有恒心的人变得急躁不安，他们会因为看不到希望而选择退出，其实他们不知道，只要再坚持一下，梦想就会实现。

梦想是我们前进道路上的指南针。正是因为心中有梦，我们才会如此执着地走好脚下的每一步，不会因为外界的诱惑和干扰而迷失方向，更不会被前方的险阻吓退。只要心存梦想，就没有什么是不可能的。

女人心里话

梦想能够激发人们的潜能，而潜能是无限的，所以人们的心有多大，舞台就有多大。当我们抱着必胜的信心去迎接人生路上的各种挑战的时候，我们会强大到连自己都不敢相信。可是，如果我们没有梦想，那么我们的潜能就会被埋没，即使前方有再多的机遇等待着我们，最终我们还是会与其失之交臂。

3. 困境是上天最大的恩赐

如果人生的途程上没有障碍，人还有什么可做的呢。
——俾斯麦（德国）

在成长的道路上，任何人都不会是一帆风顺的，时而风雨交加，时而波澜起伏。这些困难如同人们生命中的定数，我们躲不掉、逃不脱，既然我们避之不及，那么不妨坦然面对，把它当作成长路上的一次挑战，我们要勇于接受挑战，从困难中汲取力量，让自己迅速成长。

1967年夏天，美国跳水运动员乔妮·埃里克森在一次跳水比赛中发生意外，导致全身瘫痪。这件事情给她带来了巨大的打击，她始终没有办法振作起来，她认为命运对她有失公平。那段时间她极度消沉，一想到自己的跳水生涯就这样结束了，就忍不住掩面痛哭起来。

在乔妮最脆弱的时候，家人一直陪在她的身边，不离不弃，在度过了那段最绝望的时光后，她开始冷静地思索人生的意义和生命的价值。后来她借来很多名人传记，一本接一本认真地读了起来。尽管乔妮的视力很好，但是读书对她而言也是十分困难的一件事情，由于双手无法动，她只能靠嘴里衔着的小竹片去翻书。

在阅读的过程中，乔妮渐渐明白了一个道理：自己残疾了，但是并不代表自己无法成功了，那么多残疾人都通过努力在另一条道路上收获了成功，为什么我不可以？此时，她想到了自己中学时的梦想，那个时候十分痴迷绘画的她曾经想过要成为一名优秀的画家，于是她问自己：为什么我不能在绘画方面有所成就呢？

　　在找到了努力的目标后，这位柔弱的姑娘变得坚强且自信起来。她重新拾起中学时期曾经用过的画笔，用嘴叼着，开始练习绘画，这过程中的艰辛是常人无法想象的。乔妮的家人怕她不成功并因此而伤心，于是都纷纷劝她："乔妮，别这么折磨自己了，哪有人用嘴画画啊？你放心，即便是你什么都不做，我们也会养活你的。"可是，家人的劝说不仅没有打消乔妮的信心，反而使她变得比之前还要刻苦。

　　每天她都刻苦练习，常常会累得头晕目眩，汗水流到眼睛里火辣辣的疼，有时汗水甚至还会把画纸淋湿。

　　可是，不论有多么辛苦，乔妮从来都没有抱怨过。她为了积累到足够的素材，甚至经常乘车外出，去拜访绘画界的大师。就这样，乔妮一直努力了好多年，最终皇天不负有心人，在一次画展上乔妮的一幅风景油画引起了人们的重视，获得了美术界的一致好评。

　　在画坛一举成名之后，乔妮又想要进行文学创作，她的家人依然劝说她："乔妮，你的绘画已经这么好了，又何必再给自己找罪受？"乔妮没有理会家人的劝说，而是一心进行文学创作，在经历了许多艰苦的磨难之后，她的这一梦想终于实现了。

　　1976年，她的自传《乔妮》一经出版就即刻在文坛引起了巨大的轰动。两年之后她又出版了《再前进一步》一书，她在书中告诉所有的残疾人，病痛并非不可战胜的，关键是一定要立志成才。后来，这部著作被搬到了银幕上，而主角就是由乔妮自己扮演的，她成了无数青年奋斗的榜样。

　　乔妮的故事并非传奇，上苍给她关上了一扇门，但是同时也给她打开了一扇窗。有时，苦难并不意味着绝境，只要咬咬牙挺过去，就定会柳暗花明又一村。

　　生活中的任何事情都不会是一帆风顺的，我们遇到意想不到的困难和

打击也是在所难免的，遇到挫折，我们应该以积极的心态去面对。失败、挫折其实并不可怕，真正可怕的是我们在挫折和失败面前一蹶不振。在我们成长的道路上，困境即是给予，只要我们在面对困境的时候不惧不畏，那么在困境之中定会蕴藏着伟大的机会。

女人心里话

　　一个成功的人应当具备坚忍不拔的毅力和勇往直前的优秀品质，当困难来临时，不畏惧、不退缩，勇敢面对，就一定能够实现自己的人生目标。

　　当我们在面对困难的时候，既然它们已经发生，那么就要积极地想办法应对，巧妙地让自己反败为胜。要做到这一点，需要人们拥有极大的毅力，尤其是对于那些身陷逆境的人来说，这个时候一定是最为困难的时刻，朋友的离去、家人的失望都会成为自己极大的心理包袱。也正因如此，在面对困难的时候，才更需要坚忍不拔的恒心和毅力。

---

4. 读书是女人一辈子的修炼

阅读的最大理由是想摆脱平庸，早一天就多一份人生的精彩；迟一天就多一天平庸的困扰。

——余秋雨（中国）

女孩们在成长的过程中一定要做到读万卷书，行万里路。多走几步路，就能让自己多几分人生的经验；多读几本书，就能让灵魂多几分升华。只有眼界开阔了，生活的经历丰富了，女孩们才能够把握住生活以及人生的命脉。

伏尔泰说："当我们第一次读一本好书的时候，我们仿佛找到了一位好朋友，当我们再次读这本书的时候，仿佛又和老朋友重逢。"的确，读一本好书能够增长知识、开阔眼界、丰富人生阅历。我们甚至可以从书中找到自己的榜样，这些书中的人物成为我们现实生活中的楷模，指引着我们前进的方向。

在人生的道路上，我们能够见到的风景是有限的，而书籍能够帮助我们体会到那些看不到的美好，它们能够把我们引入一个神奇的世界，让我们的生活变得丰富多彩、乐趣无穷。

书籍是女孩最好的化妆品，以书为伴的女孩内在是充实的，气质是优雅的。当人们在用心阅读一本好书的时候，心灵就会在不知不觉中得到净化。阅读产生的作用不像是吃饭一样，可以立刻体现出来，但是它却能够让你的生活在不知不觉中变得充实起来。

可是，如果我们只是一味地苦读书，从来都不与外界进行接触的话，那么我们所学到的知识就会因缺少实践而变得全无用处，思想就会因为缺少与现实的对接而显得空洞无力。比如：我们储备了足够多的自然科学知识，但是却从未到大自然中进行过直观的观察，那么就很难对这些知识体系形成直观的印象。所以，在生活中我们不仅要多读书，同时也要多同外界进行接触。

三毛是很多人心目中的偶像，大家都十分羡慕她那浪漫且丰富的周游世界的经历。1967年，年仅24岁的三毛只身远赴西班牙。她先后就读于西班牙马德里大学和德国哥德书院，随后又来到美国，在伊诺大学法学图书馆工作。出国的经历使原本内向、害羞的三毛逐渐变得开朗起来，而且也交到了很多好朋友。

在撒哈拉沙漠生活的那段时间，她同不同身份的人打交道，这些人的故事和遭遇都给三毛留下了深刻的印象，她从他人的故事中体会着别样的人生，而三毛周游世界的经历最终也成了她在文学创作方面不竭的动力和源泉。

旅行途中的见闻能够丰富我们的人生经验，使我们的精神变得更加富足。外面的世界是如此精彩，让自己多出去走走，多参加一些公共活动，多接触一下社会，这个过程中，不论是失败也好，伤痛也好，都是生活教给我们的最宝贵的经验，能促进我们的成长。

读书能够使我们的灵魂得到升华，而旅行则会让我们的生活变得充实。我们的生命应该美好地走过，不管是在书中，还是在路上，我们的灵魂与身体，要永不停歇地向心中的理想国靠近。

女人心里话

渊博的知识是修养的前提。学识与素养，并不是短期之内就可以形成的，它贯穿于生活的每个细节之中，在不经意间自然流露。黄山谷曾说："三日不读书，面目可憎。"由此可见读书的重要性。

多接触一下外面的世界，多接触一下社会，能够使我们更快更好地成长。在旅行的路上经历的各种遭遇都是生活赐予我们的宝贵财富。世界是多彩的，但是如果我们不走出去的话，看到的永远只有一种颜色。

---

5. 不要忽略细节，别让坏习惯害了你

> 对于将军或政治家来说，如果他们只注意大事而忽略小节，他们的结果也不会更好；如果没有小石头，大石头也不会稳稳当当地矗立着。
>
> ——柏拉图（希腊）

生活中很多女性都不拘小节，对于细节的忽略会让自己在不知不觉中形成很多的坏习惯，这些坏习惯会在不知不觉中把你给害得很苦，甚至会为你带来不可弥补的损失。

托尼是美国一家保险公司的高级精算师，后来他受某公司之邀与前来的代表进行谈判，旨在寻找出可能合作的项目。在交谈到最后的时候，托尼提出与其他几个部门的经理见个面，以便能够更好地了解这家公司的状况。没过多久，托尼的要求就得到了满足，他见到了其他部门的几个重要负责人。

原本以为是一次愉快的会晤，但是那一次的会见却给托尼留下了深刻的印象。会晤期间，其中一个部门的负责人在见到托尼之后就很热情地向他介绍着这个合作项目的发展前景，但是托尼的目光却无法离开他的鼻子，而这位负责人讲的话托尼一句都没有听进去，原来那位负责人的鼻毛已经长出了鼻孔。当时，托尼只要一看到他的脸就想要替他剪掉那根随风招展的鼻毛。但是这是不可能的事情，于是托尼决定转移自己的注意力，他把目光移到了对方头部以下的位置，这一次，他又非常不幸地看到了对方肩膀上白花花的头皮屑。出于礼貌，他只好又把目光移到对方的脸上。整个上午，托尼的脑海中只有两个画面——黑色的鼻毛和白色的头屑。等到中午吃饭的时候，托尼怕自己会被安排在这位负责人身边，于是他借口讨论技术坐到了另外一个负责人的身边。

美国形象设计师派力·戈方克曾说："即使你穿着2000美金一套的阿玛尼西服，200美金的意大利鞋，但是你的鼻毛却从鼻孔里伸出来了，你最好还是去买一套沃尔玛的西服！"正是这些我们在日常不会注意的小细节，能很好地夺取他人对自己的注意力，而且，即便是你的形象十分可爱，但是如果你忽略了那些隐藏在生活中的小细节，那么，这些足以在关键时刻置你于死地。

所以，不论什么时候，切记不要让你在日常养成的坏习惯害了你，那些隐藏在细节中的魔鬼极有可能成为你的形象杀手。

个人的形象，不仅是由大的方面构成的，生活中的每一个小细节都能够留给观察者一个想象空间，这些隐藏在细节中的坏习惯会在无声无息中向他人揭露你的现状，悄悄告诉他人你的故事。而与你不熟悉的人则会在它们的指导下，自行回忆你的成长历程，而且他人也会觉得你缺乏最基本的素养，就更加谈不上品位和修养。

6. 摒弃自卑才能够品尝成功的喜悦

我们对自己抱有的信心，将使别人对我们萌生信心的绿芽。
——拉劳士福古（法国）

自信的女孩在言谈举止间会自然地流露出超乎常人的坚定、果敢和骄傲，而且自信心越是充足的女孩，适应社会的能力就越强。女孩们有了自信心就等于拥有了竞争的优势，有了上进的动力，就会因此而变得更加优秀，取得巨大的成功。可是，在成长的过程中，我们总是会遭遇被自卑困扰的时候，其实自卑并不可怕，只要我们有勇气，就一定能够战胜它。

斯坦尼斯拉夫斯基是俄国著名的戏剧大师。一次，他在排演一出话剧的时候，话剧的女主角遭遇突发状况，无法继续参加演出。在万般无奈的情况下，他只好找自己的姐姐来担任这个角色。斯坦尼斯拉夫斯基的姐姐之前只是一名服装管理员，突然让她担任女主角，负责整台话剧的演出，她不禁生出了胆怯和自卑的心理来。因为这个原因，她的表演十分刻板，无论如何都进入不了状态。姐姐极为差劲的表演不禁引起了斯坦尼斯拉夫斯基的不满，一次，忍无可忍的斯坦尼斯拉夫斯基突然停下彩排，说："这场戏是全剧的关键，如果女主角仍然无法进入状态的话，那么整部戏就不能再往下排了！"此话一出，全场寂然。他的姐姐低着头久久没有说话，突然，她抬起头来说："排练！"随即，一扫往日的自卑、胆怯和拘谨，整场表现都极为自信。斯坦尼斯拉夫斯基看着姐姐出色的表现，高兴地说道："瞧，我们又有了一位新的表演艺术家。"

斯坦尼斯拉夫斯基的姐姐前后表演的反差之所以会如此强烈，就是人们自卑和自信在同一件事物上的不同表现形式。缺乏自信的女孩往往会十分在意他人对自己的看法，她们总是担心自己会因为不得当的举止或者不得体的言语而被他人嘲笑。其实这些都没有什么，要知道人外有人，山外有山，再优秀的人也会在某个时刻或者环境中遇到比自己优秀一分的人，所以，不论什么时候我们都没必要自卑。

小泽征尔是世界著名的交响乐指挥家。在一次世界级的比赛中，他一路过关斩将，最终杀进了决赛。比赛时，他按照评委分发的乐章指挥演奏，在演奏刚开始不久，他敏锐的耳朵就捕捉到了不和谐的声音。起初，他以为是乐队演奏失误，于是他请求乐队重新演奏。可是，第二次演奏到这个地方的时候，不和谐的声音再一次出现，乐队不可能两次都在同一个地方演奏失误，于是他认为乐谱有问题。可是，当他提出自己的质疑之后，现场的作曲家和评委会的权威人士都坚称乐谱是绝对正确的，出错的是他。在音乐大师和权威人士的面前，他再三考虑，最终斩钉截铁地大声说道："不，出错的就是乐谱！"话音刚落，评委席上顿时响起了热烈的掌声。最终，小泽征尔获得了这次比赛的冠军。

原来，这是评委们精心设计的"试题"，之前也有指挥家发现了错误，但是在权威面前他们最终选择了妥协，正是因为对自己的不自信，他们最后与冠军的桂冠失之交臂。

女人心里话

当我们对自己的评价是消极的时候，为了能够使自己的心理保持平衡，通常也会对他人产生消极的情感。这样一来，我们就会在潜意识中将这种消极的感觉推到他人身上。相反，当我们很自信的时候，我们就会对自己做出乐观的评价，这样我们就能够很好地看到别人的闪光之处，并且我们不会吝啬夸奖的语言，这样一来，自然就能够得到他人的喜欢。而且，自信的女孩能够通过发现他人的优点而激发出自己的优势，进而不断地提升自己，并且形成良性循环，最终成就幸福的人生。

7. 成长的路要自己独立走下去

真正的人生，只有在经过艰难卓绝的斗争之后才能实现。

——塞涅卡（古罗马）

自古以来，我们的文化传统就要求女人要做到"小鸟依人"，这就让很多女孩都有这样一个根深蒂固的念头，那就是"自己总是要依靠某个人才能够生存下去"。于是，许多姑娘小的时候依靠父母，长大之后依靠男友，结婚之后依靠老公，她们认为这是天经地义的事情。如果在成长的道路上，少了他们任何一方的扶持和帮助，自己肯定就不会活到现在。可是事实真的如此吗？其实未必。

她们之所以会有这样的想法，是因为她们没有完整独立的人格，无法独立去完成某项工作，于是就将期望寄托在别人身上。

莎士比亚出生在英国一个富商家庭，但是，他并不留恋家中优渥的生活。他16岁时，远赴伦敦想要实现成为一名戏剧家的梦想，于是他在剧院里找到了一份给观众看马的工作。

后来，剧院的老板发现莎士比亚的头脑十分灵活，而且口齿伶俐，于是就让他去跑龙套或者提提台词，再后来，他又发现莎士比亚对于舞台动作和念台词方面很有见解，于是就把改编剧本的任务交给了他。这一切工作都是莎士比亚凭借着自己的努力一点一滴换来的。

此外，莎士比亚还在屠宰场当过学徒，给人做过书童，当过乡村教师，服过兵役，做过律师……在他独立谋生闯荡的过程中，不仅丰富了自己的人生经历，开阔了眼界，也为后来的文学创作打下了坚实的基础。最终，他以饱满的热情写出了38部剧本，两首长诗以及155首十四行诗，为后世留下了宝贵的精神财富。

莎士比亚之所以能够取得成功，就是因为他独立自主的态度，在面对困难的时候，他是选择自己渡过这一个又一个的难关，这些经历为他的文学创作积累了大量的素材，使他在写作的时候可以得心应手。

所以在成长的过程中，女人们一定要主动培养自己独立的性格。自助者得天助，这个社会需要你成为一个独立的人，没有人愿意与没有主见，凡事都要依赖他人的人做朋友。

女人想要独立，首先应该让自己的经济独立起来，我们一定要找到解决自己生计的谋生方式，而不是整天指着橱窗里的衣服或珠宝撒娇地对身边的人说："你买给我，我要！"其次，要让自己的感情也变得独立起来，在感情的世界里除了爱情之外其实还有很多美好的事情是值得我们去做的。最后，女人们要在思想和精神上独立起来。离开了他人就无法决定任何事情的女人，不论对谁来讲都无异于是一个累赘。当你真正在经济、感情和思想上完全独立之后，你就会发现原来这个世界是如此广阔。

当你依附于别人的时候，所得的空间远不如站立的广阔；当你攀附在别人身上的时候，你所在乎的只有被攀附的对象，远不如自立者洒脱；当你耷拉着肩膀和脖颈听从别人的时候，这远不如直立者富有生机和激情。

女人心里话

女人的姿态应该是站立着的。在这个世界上，不会有任何一个人能够陪在你身边一生一世。所以，每个人，尤其是女人，一定要学会独立生活。要想让娇生惯养的孩子快速成长起来，最好的方法就是让他们远离父母，独立生活。

独立的境界其实是非常美妙的，而独立的习惯也是需要人们去学习和培养的。一个拥有完整独立人格的人在面对一切事情的时候都会独立冷静地对待，一个独立的人会坚守信仰，保持自我。只有这样，才不会在人生的道路上迷失方向。

8. 既要学习他人，也要保留自己的本色

松柏寒仍翠，
琼瑶涅不缁。
——王禹偁（北宋）

　　每个人的身上总会存在着缺点和不足，这就要求我们不断地提高和完善自己，积极向别人学习，以人之长补己之短。但是，向他人学习不等于模仿。

　　生活中，几乎每个女孩都有自己的偶像，她们会选择和偶像相似的着装，也会跟着偶像的脚步来选择自己的专业。都说榜样的力量是无穷的，这一点确实不可否认，但是如果我们在生活中总是刻意地去模仿他人，过度迎合他人喜好的话，那么不但不会让自己变得更加优秀，相反还会把自身原本的优点和特点也给弄丢了。

　　其实，每个女人都有属于自己的美，别人的美放在自己身上不见得就是最好的，别人走得十分顺畅的道路也不见得是最适合你走的。我们确实是要向他人学习，但是不是盲目地效仿，我们学习的东西一定要是适合自己的才行。

　　好莱坞著名导演山姆·伍德在培训年轻演员的时候，总是会一再强调："请保持你们的本色！"但是，他们都一心想做二流的拉娜或者三流的克拉克·盖博，可是他们不知道观众早已经厌倦了这一套了。山姆·伍德对他们说："想要让自己脱颖而出的最保险的做法就是尽快抛弃那些装腔作势的行为。"

　　意大利著名电影名明星索菲亚·罗兰之所以能够蜚声影坛，取得令人瞩目的成就，与她始终保持本色的表演风格是密不可分的。

　　带着对电影的热爱，16岁的罗兰只身一人来到罗马，她想要实现自己的梦

想。但是，让她没有想到的是，第一次试镜她就被众多摄影师判了死刑。罗兰的鼻子太长，臀部太大，完全够不上美女的标准，如果她不整形的话，将会是一个没有前途的演员。

后来，导演卡洛·庞蒂委婉地建议她把臀部削减一点儿，鼻子缩短一点儿。但是小小年纪的罗兰果断拒绝了导演的建议，她说："我当然知道我的外形很难与那些相貌出众、五官端正的女演员归为一类。我承认我的面部有很多瑕疵，但是我认为这些瑕疵组合在一起反而会让我更具魅力。如果我的鼻子上有一个肿块，那我一定会毫不犹豫地去把它切除，但是，摄影师们认为我的鼻子太大，这是毫无道理的。我喜欢我的鼻子和脸本身的样子，我的鼻子和脸确实有些与众不同，但是我为什么要长得和别的女星一个样呢？至于我的臀部，它确实有点儿大，但那也是我的一部分，我喜欢它本来的样子。我要保持我的本色，我不想因别人的看法而改变自己。"

正是由于罗兰始终保持自我的态度使得导演卡洛·庞蒂对她重新进行了审视，并且开始了解和欣赏她，最终成就了她的演艺之路。

当我们在面对自己的缺点和不足的时候，我们不应该感到害怕或者去极力掩饰，这样只会让我们的缺点和不足更快地暴露出来。我们要做的就是能够清醒地看到自己的缺点和不足，然后虚心地向他人学习，吸取他人的长处，以此来弥补自己的不足，这样才能让自己不断进步。但是我们在向他人学习的时候一定要记得保持自己的本色，因为这个世界上的每个人都是独一无二的，从过去到现在，从来没有一个人跟你一模一样。

女人心里话

不论是谁，都有自己的特点，就像索菲亚·罗兰说的那样，除非是你的鼻子上长了一个脓包，否则你无须对自己的外貌做出任何改变；同样，除非你的性格有害于自己和他人，否则你也无需任何改变。

9. 找准自身优势，激发最大潜能

成功心理学的创始人之一、盖洛普咨询有限公司名誉董事长唐纳德·克利夫顿说过："在成功心理学看来，判断一个人是否成功最主要的就是看他能否最大限度地发挥自己的优势。"盖洛普公司做过一个研究，他们发现很多人在成长的过程中都尝试把自己的缺点转变成优点，可是，他们因此遭受了很多的痛苦和困难。而那些少数快乐的人通常也是成功的人，他们快乐的秘诀就是"加强自己的优点，管理自己的缺点"。他们会把大部分的时间和精力放在自己感兴趣的事情上面，不断地强化自身的优势，使其变得强大。所以，想要获得成功，就一定要找准自身的优势，不断强化这一优势，进而激发出自身的潜能。

美国著名的脱口秀主持人奥普拉·温弗瑞就是通过这样的方式取得成功的。奥普拉的父母在结婚之前生下了她，随后不久，她的父母就分开了。奥普拉的童年十分清贫，而且她在母亲的打骂下成长为一个问题少女，但是在她14岁的时候，她的父亲和继母给了她全新的生活。1972年，她进入田纳西州立大学主修演讲和戏剧，并于次年成为纳什维尔WTVF电视台最年轻的主播。

1976年，大学毕业的奥普拉来到WJZ电视台主持"六点钟新闻"的栏目，她在这档栏目中开创了一种全新的充满感情的新闻播报方式。但是，在那个年代美国对黑人的歧视还是很严重的，而且奥普拉的外貌也不符合大众的审美，这档节目最终以失败告终。但是奥普拉却在这档节目中隐约找到了自己的优

闪闪发光的金子，代替不了生铁的用处。

——柯尔克孜族谚语

势，她喜欢通过这种方式主持节目。于是，不服输的奥普拉在第二年又卷土重来，主持"人们在说话"脱口秀。这一次，奥普拉终于知道了自己的特长——出色的表达能力以及无人能及的沟通能力。奥普拉在节目中投入了大量的心血，而她的节目也开始受到越来越多的观众的喜爱。至此，奥普拉的主持生涯变得顺风顺水。

奥普拉敏锐地抓住了自己性格中的特点，并且靠着自己的优势和专长改变了自己的命运，获得了事业的成功，实现了人生的巨大转变。从奥普拉的经历中我们不难看出，一个人在做自己擅长的事情的时候，往往会事半功倍；相反，如果他做的是自己不擅长的事情，那么结果也就不会那么尽如人意了。

人们的优势不会像是灵感一样，在脑海当中灵光一闪就能够被捕捉到，优势是需要人们在实践中不断地去琢磨、去发掘的东西。所以，你如果想要成就最独特的自己，就要不断地重新认识自己，发掘出自己的专长，进而迸发出最大的潜能。

女孩们如果想要成功的话，最好的捷径就是寻找出自身的优势，并且尽最大可能将它们发挥出来。在生活中，很多女孩都会很迷茫，她们想了很久，但是始终都找不到自己的优势，这并不代表自己就没有优势，只不过暂时还没有被发掘出来而已。只要坚持和努力，总有一天你会发掘出属于你自己的独一无二的优点。

第三章

女人，你的职业理想是什么

丑陋的毛毛虫要想成为美丽的蝴蝶，在空中自在地飞舞，就必然要付出很多心血，甚至是痛苦的挣扎。在人们惊叹于蝴蝶的美丽的时候，只有蝴蝶知道，自己的美丽是有多么来之不易，而它也更加明白，如果没有之前的苦心孕育，就不会有今日的精彩绚丽。每个女人也都希望自己有朝一日能够从毛毛虫蜕变成美丽的蝴蝶，而职场则是一个再合适不过的平台。

1. 良好的人际关系让你的事业更顺利

成功来自于85%的人际沟通，15%的专业知识。
——卡耐基（美国）

拥有好的人际关系会让你一生受益无穷。作为一名女性，在职场中，如果能够受到他人的喜爱，与别人建立良好的关系，就能够更容易地取得事业上的成功。人脉是一个人生存发展的最大资源。一个人从出生起，就与他人建立了不可分割的联系。可以说，如果没有他人，我们甚至无法生存下去。即使是一些厌恶社交的作家、画家也在通过自己的创作与别人进行交流。所以，作为一名想要在事业中取得一定成就的女性，必须学会与周围的人进行交往。

人类的神经系统最擅长的就是与人交往。在与他人建立关系的过程中，人类的大脑会很兴奋，而且功能也会得到提高。而且，交往是人类之间的合作。人们要想实现自己的理想，可以请别人给自己提供帮助。无论你的生活中想要得到什么，爱情或者理想的工作，都必须要得到别人的帮助才能实现。如果你能受到他人的欢迎，他人就会甘愿为你付出时间与精力。在工作中，你与同事关系越好，你们的合作也就会越默契。

拥有良好的人际关系，可以让人们感到安全。毕竟社会是一个交往的集合，人们因为有着共同的信仰、价值观、目标而一起努力。"罗马并非一日建成"，在今天被人们称为罗马的地方，是一些说印欧语的人一起狩猎、相互照应而形成的。每个人对别人都有基本的需要，社会也因为共享利益而形成。所以人们要学会相互关照，从与他人的相互交往中，人们可以得到力量与安全感，当人们拥有力量和感到安全时，才能激发出自己创造性的能力。可以说所有的一切成就都是因为人们建立了交往关系才形成的。

另外，在工作中，很多女性因为与某位同事关系不顺而想要辞职，但是却又舍不得放弃在公司成长的机会。其实这种事情每个人都遇到过，很多人都因为与他人相处不融洽而有过辞职的想法，越是这个时候，人的心情就会越糟糕，所以更容易选择离开。人的一生就是一个选择的过程，鱼与熊掌不可兼得，人生总要有所舍弃。所以人们要想在职场中成长，就必须要学会忍耐交往中的不足。而且一个人的成长与发展都是与他人交往的结果，无论是与同事一起工作还是一起去聚餐，都是在与他们交往。作为同类，人类本能地聚在一起形成群体。没有别人，你就无法生存。

女人心里话

在职场中，女性想要如鱼得水，最好的方式就是与他人建立良好的关系。人际交往是职场中最大的资源与资本。人是群居动物，在这个社会中人类不可能独立地存在，而是需要相互支撑、相互依存。成功的人与失败的人的区别其实并非只是知识、专业能力上的，更多的是人际沟通力量的区别。

2. 不要抱怨世界的不公平

——托马斯·福勒（英国）

呆板的公平其实是最大的不公平。

作为女孩在工作中你让自己同男同事一样拼命，你总是工作做得最好，效益最高，但是每次升职加薪的时候，却总是没有你什么事；公司开会时，你提出了富有建设性的意见，但是没有被采纳，可是几天之后你却惊讶地发现，这个创意已经冠上了别人的名字……的确，职场中存在着一些不公平的现象，不论你是否喜欢，它们都是客观存在的，是你不得不接受的现实。

要知道，这个世界上从来就没有完全公平的理想国，只有幻想公平的乌托邦。完全公平只是人们的一种理想，而生活中的不公平却是客观存在的，人生都是有不公的，更何况职场呢？

但是，职场中的不公平绝对不应该成为你抱怨老板、懈怠工作的理由。身处职场的女性一定要明白，尽管职场中没有绝对的公平，但是却有相对公平的竞争规则。在这个规则中，如果你能够接受不公平的存在，并始终如一地努力工作，那么就一定能找到自己的人生定位，让自己更快更好地成长。

身处职场，如果过于较真，一味地要求绝对的公平，那么只会让自己的心理承受巨大的压力，有时甚至还会因此而崩溃。所以，如果你想要成为职场中的佼佼者，那么，就不要再为职场的不公平而抱怨了。

不仅仅是职场，就连生活当中都不可能会事事公平，所以，对于职场我们不必过于苛求。阳光公平地洒向大地，可是却仍然会有些地方被阴影覆盖。公平只是一种理想的状态，但是却不会总是存在。苛求公平无异于在自寻烦恼。

而且，有些时候，我们认为不公平只是因为自身还不够成熟。很多女性初入职场的时候，总是工作十分努力，但是不论自己再怎么努力似乎还是没有得到肯定与奖励，于是，我们就开始抱怨。但这只不过是必要的职场生存技能而已，只是我们还没有学会。

有些时候，当我们遭受了不公平的待遇也要把它当作是公平的。当你在为自己的付出得不到肯定和赞许而抱怨的时候，有没有想过从自身找找原因？或许真的不是因为老板"看不到"，而是我们自身确实还有所欠缺，也许，就是某一个小小的缺点存在，就将你的努力掩盖住了。

所以，职场女性要想立足于职场，并且在有限的职业生涯中取得无限的成绩，就一定要对"公平"树立一个正确的认知，要意识到职场中并没有绝对的公平，而自身则要在相对公平的竞争规则中，努力学习他人的优点，改正自己的不足，提升自身的能力，让自己迅速成长起来。

女人 心里话　　面对这些不公我们无法逃避，也无法选择，我们只能接受已经存在的事实，然后进行自我调整。作为一名成熟的职场女性，要时刻明白这一点，不论什么时候都要以平常心、进取心来面对自己的生活和工作。

3. 忠诚不等于凡事唯命是从

忠诚因为努力的狂妄而变得毫无价值。

——莎士比亚（英国）

富兰克林说："如果说生命力使人们前途光明，团体使人们宽容，脚踏实地使人们现实，那么深厚的忠诚感就会使人生正直而富有意义。"

随着时代的发展、社会的变迁，越来越多的女性变得越来越迷茫，她们无法给自己找到一个准确的定位。尤其是那些初涉职场的女性，刚刚踏入社会，面临着身份的转变、外界的压力等很多现实的问题。

因此，职场女性一定要在心中给自己树立一个坚定的关于忠诚的信念。忠诚是一种对现实的态度，很多女性都是在走上了工作岗位之后才知道了责任和忠诚的重要性。

曾子曰："吾日三省吾身。为人谋而不忠乎？与朋友交而不信乎？传不习乎？"曾子每天都会提醒自己不论对人对事都要忠诚守信。那么，我们对待工作是不是也可以向曾子学习，时时质问自己是否对企业忠实。很多时候，忠诚胜于能力，其实忠诚本身也是一种能力，而且它是其他所有能力的核心。没有哪个企业的老板愿意雇佣没有忠诚心的员工。

作为公司的员工，对自己所从事职业的忠诚是最基本的要求。忠于公司就应该提高自己服务于公司的技能，为公司创造效益。心有忠诚是好事，但是忠诚并不代表对上级的话就要唯命是从，真正的忠诚并不是愚忠，而是有辨别的，真正的忠诚并不是放弃自己的个性和主见，也不是绝对同上级保持一个声音，更加不是卑躬屈膝。

朵克先生是一家公司的总经理，现在他需要招聘一位男性秘书。在面试中有这样一道题目，旨在考察应聘者的勇气和忠诚度。

第一位应聘者被带进一间办公室，朵克先生请他光脚走过满地的玻璃碴去拿一张表格，这位应聘者听完之后毫不犹豫地就过去了，他成功地拿到了表格，双脚自然全是鲜血。朵克先生摇摇头，什么都没说。

第二位应聘者被带到一间锁着门的房间前，朵克说："请你用脑袋把门撞开，拿张表格给我。"这位先生为了表示自己的勇气撞得头破血流，朵克还是摇头。

最后一名应聘者被带进一个房间，里面有一位虚弱的老太太，朵克让他把老太太打晕，把表格拿给自己。应聘者大声说道："你疯了吗，让我为了一张表格把老太太打晕？"朵克说："这是命令。"应聘者说："这样的命令毫无道理。"朵克先后又请他到前两位应聘者去过的房间，做同样的事情，都被他断然拒绝。最后，当这位应聘者气愤地想要离开的时候，朵克先生叫住他，并宣布他被聘用了。朵克先生说："我们需要的员工是敢于为正义和真理献身的人，而不是一味听老板话的人。其他人表现出来的并不是真正的忠诚，而是愚忠。我不需要愚忠于我的人，而是需要敢于坚持真理的人。"

这则故事告诉我们什么才是真正的忠诚。真正的忠诚并不是一味地听命于老板，忠诚于公司、忠诚于老板自然是必要的，但最重要的是，我们的忠诚是要以正义和真理为基础的，唯有如此，我们的忠诚对公司和对个人才是有益的。

女人心里话

忠诚的最大受益者是你自己。其实，忠诚并不是单纯地付出，它也是有回报的。企业不仅仅是属于老板的，同样也属于每一位员工。我们的企业需要忠诚，老板需要忠诚，更重要的是，我们自己也需要忠诚。身为职场女性，必须要做到忠诚才能够在职场立足。

4. 给足他人尊重，他人就会给你尊重

缘于自己的优越，我们常常无情地剥掉了别人的面子，伤害了别人的自尊心，抹杀了别人的感情，却又自以为是，扪心自问，这种心理是多么浅薄，心胸是多么的狭窄啊。

——拉尔夫·沃尔多·爱默生（美国）

我们都有自尊，同样他人也是如此。所以，在职场中我们不仅要保留住自己的尊严，也要给别人留下尊严，唯有如此，才能在职场中如鱼得水，游刃自如。

生活中，有些人一旦激动起来，就会不分时间地点地对他人大加指责，不留一点儿情面，这会让对方的自尊心受到极大的打击，而且时间一久，这种人就会引起他人的反感。在职场中，也同样如此，所以在职场中行走的女人们一定要明白，不论伤什么，都不要伤害对方的尊严。

很多初入职场的年轻人经常会以"我这人向来心直口快"作为自己不给别人留情面的理由。"心直"固然可嘉，但是"口快"却未必是一件值得称道的事情。职场中的聪明人能够很好地区别什么该说，什么不该说，应当直说的时候绝不婉言，该婉言的时候也绝对不会直言不讳。这样不仅能够达到事半功倍的效果，消除很多不必要的烦恼，而且也能够增进同事之间的友谊。职场中的聪明人不会把话说得过于绝对，这样不仅给他人留足了面子，而且也不会让自己在以后无路可退。其实，保全他人的尊严自己自然就能够得到足够的尊重。

《圣经·马太福音》中说："你希望别人怎样对你，你就应该先怎样对待别人。"这个放之四海皆准的道理同样也适用于职场。在职场中，当你想说有损他人颜面的话语的时候，请先试着换位思考一下如果换作自己的话，这些话

自己会喜欢听吗？可是，如此简单的事情却是很多行走在职场中的女性参不透的道理。

　　自己是要求受到尊重的，更多的时候也要考虑到他人的尊严。为了尊重他人，可能你自己多少会受一些委屈，或者会在某些事情上面做出让步，以照顾对方的情绪。但如果自己一点情面也不给别人留，往往会给别人留下很难相处的印象，久而久之，别人再见到你的时候都会对你敬而远之，而且这样做也容易遭到小人的陷害。所以，身处职场，一定要学会在适当的场合中，留给对方一定的尊严，这是一种人与人之间的相处之道。古人云："人至察则无徒。"只要不是什么原则性的问题，适当地糊涂一点儿是有好处的。

　　李嘉诚说过："千万不要去伤害别人的尊严！"你敬我一尺，我还你一丈，这是人们在职场中相处的一种态度。职场女性们只要怀有这样一份理解的态度，就能够做到相互尊重、和平共处。

女人心里话

　　给他人尊严并不就意味着自己要卑躬屈膝、阿谀奉承，这样反而会让他人心生反感。真正的给对方尊严，是在对方感到尴尬的时候，懂得主动让步。

　　在职场中，谁都会不小心犯点儿错误。只要对方犯的不是不可原谅的错误，那么，我们就要尽量给对方留些情面。即便你并不赞成对方的观点，也不要因为急于辩驳而口不择言，此时我们一定要在能够为对方保留足够的尊严的基础上进行辩驳。如此一来，自己既反驳了对方的观点，而且也给他人留了足够的尊严。

5. 事业让女人更加有自信

一切真正伟大的人物，没有一个因爱情而发狂的人……因为伟大的事业抑制了这种软弱的感情。

——培根（英国）

不论是思想柔弱的女子，还是驰骋职场的女强人，她们都渴望自己的生活能有一个依托之所，而且，女孩们受的教育使她们以为爱情是生命中最重要的一件事。一旦女孩遇到有紧张感、有挑战、能够让她们消魂失魄的爱情，她们就会坠入爱河，无法自拔。尽管如今男女地位已经平等，但是，不论是生理上还是心理上，她们对男性或多或少都还有着割舍不断的依赖感。

女人都是感性的，她们痴迷于爱情的原因不外乎是想要拥有美好的生活，但是，她们却忽略了一点，要想拥有美好的生活，首先要学会尊重自己的生命。以自己的本色生活是人们对生命最大的尊重，所以，女人们不要为任何人而活，其中也包括你爱的那个人。

可是，依赖心过强的女人通常都会极度缺乏自我意识，只要有异性在身边，她们就无法独立地做出选择和判断。女人应该明白，要想自己的爱有意义，那么她首先应该属于自己。

很多已经步入婚姻殿堂的女性为了所谓的爱情放弃了自己的事业，而与自己同眠共枕的这个男人则成为了她生活的全部。女性无法摆脱自己对丈夫的依赖，所有事情，不论大小都要请示。慢慢地，女人就会失去独立性，成为攀附在男人这棵大树上的藤蔓。

女人一旦放弃了对于事业的狂热追求，开始担负起生活中的重担，幻想着自己的牺牲或许会换来"夫贵妻荣"的时候，她们失去的将不仅仅是自己的事业、人生价值，甚至还有幸福的婚姻本身。

如同藤蔓一般依附在他人身上的生活是很舒适，但是，谁又能够保证自己的靠山一辈子都不会离开自己呢？与其等到分离的时候痛苦万分，不如趁早脱离这种危险的关系，让自己独立起来，去寻找自己的一份事业。其实，保持亲密关系的最好方法就是相互独立，保持距离。

世事无常，任谁都无法预测下一秒会发生的事情，所以，如果一个女人把自己幸福的权力完全交由他人掌控，那么一旦发生变故，她很可能连重新构建生活的能力都没有。

身为女性，一定要明白，不论在什么时候都必须要拥有独立的人格，要自食其力，在事业上必须要有自己的立足点。尽管生活无法让每一个在工作中努力奋斗的女人都如愿以偿，但是它能够让女人在任何时候都能够昂首挺胸，充满自信。事业，是永远不会背弃女人的东西。

女人心里话

女人要对自己负责，要更爱自己一点儿。只有好好爱惜自己、保重自己，让自己开心地生活，才能够让最美的自己如花般绽放。幸福不在别人的手中，女人的命运是由自己掌握的。

女人可以很爱一个男人，但是一定要时刻保持清醒。男人不是生活的全部，你的一切行动也无需以他为指南。你们是恋人，是爱人，身份是平等的，所以你也不需要像个奴仆一样凡事都对他百依百顺，更不要为了男人而放弃自己的事业，要知道一份属于自己的事业远比男人来得可靠。

6. 全力以赴，享受奋斗的过程

工作是一种乐趣时，生活是一种享受！工作是一种义务时，生活则是一种苦役。

——高尔基·М（俄国）

身在职场中的女性，如果想要取得成功，就一定要在工作中全力以赴。

美国著名的成功学家格兰特纳说："如果你有自己系鞋带的能力，你就有上天摘星星的机会。"

由此可见，人们取得成功的关键并不在于你的头脑有多么灵活、拥有多么高的学历或者多么优越的背景，而在于你是否能够在工作中全力以赴。

冉求是孔子的一名学生，有一天，冉求找到孔子，对他说："老师啊，不是我不喜欢您教授的为人处世之道，而是我自身力量不足啊。"

孔子听言，说道："力量不足的人，通常都是做到中途发现自己的力量是真的不足，才会停止。而你现在还没有开始，就说自己的力量不足，这是因为你早就给自己划定了界限啊。"

身在职场的女性通常也会像冉求一样，在还没有开始一件事情之前，就给自己下了定论。

其实，很多时候，并不是我们无法获得成功，而是不够自信，我们总是轻易地就把自己的才能给否定了，在否定自己的同时，也把成功拒之门外。

一位年轻人想要出去闯荡一番事业，临行前，他找到村里一位德高望重的老者，向老者讨教自己应该如何去做。老者只是简单地说："全力以赴。"年轻人带着老者的忠告上了路，在工作的时候他一直记着老者对自己的指点，不论做什么都会全力以赴。在这段期间他经历了事业的波峰波谷，体会了人生的大起大落，但是他始终没有放弃。20年后，年轻人带着荣耀回到家乡。

这一次年轻人依然找到老者，向他讨教之后的路该怎样走。老者依旧是简单的几个字："尽力而为。"年轻人谨记老者的话语，又继续拼搏了十年，最终衣锦还乡。

他再一次去拜访了老者，而此时的老者已经是一名年过耄耋的老人了。老者见到年轻人前来，说道："看来你已经很成功了。

我年轻的时候别人告诉我凡事要尽力而为，于是我在年轻时一直碌碌无为，后来人到中年，又有人告诉我应该全力以赴，可是那时我发现我已经没有全力以赴的动力了。

所以，我就想如果把这两个词的顺序调换一下，是不是会有不一样的结果。所以，当你来见我的时候，我就告诉你在年轻的时候应该全力以赴，现在看来，这才是正确的。"

两个人，同样是面对工作，但是由于工作态度的不同，最终导致他们的人生结局也截然不同。很多在工作中不努力、不上进的人，总是会为自己的失败找各种借口，"这样工作太难了，我做不来"、"我还没有这方面的经验"……其

实，他们并非能力有限或者经验不足，只是因为他们在工作的过程中没有全力以赴，结果只能是让自己与成功失之交臂。

全力以赴地工作，并且试着从中发现乐趣，享受自己拼尽全力奋斗的过

程，这样一来，全力以赴地工作似乎并没有人们想象中的那么难。

女人
心里话

在职场中，成功永远都是属于那些全力以赴的人。只有不怕艰难险阻的人，才能最终攀上山顶；只有不怕困难的人，才能够解决困难。所以，不论什么事情，只要人们全力以赴地去做，那么，即使是再大的困难也会为你让路的。

第四章

聪明女人一定要懂点儿男人心理学

正所谓知己知彼，百战不殆，这句话不仅适用于战场，同样也适用于女性在对待两性关系上面。恋爱中的女孩总是会因为自己猜不透对方的心思而感到不安，会因为自己无法理解对方的想法而感到困惑，因此，女孩最好懂一点儿男人的心理学。唯有如此，女孩才能在爱情这场攻坚战中攻无不克，战无不胜。

1. 情感急剧升温的法则

恋人在一起时间久了，就会进入怠倦期，此时，男朋友对你已经没有了热恋时的那股热情，你问他什么他都懒得回答，你多关心几句他就会觉得厌烦，你做什么他都觉得是错的。此时，处在恋爱中的女孩们还不知道，如果这样的情况再继续下去的话，那么你们的感情就会面临很大的危险了。

爱情是需要经营的，女人们只有真情流露再加上一点儿小小的策略，才能够在这样的危急关头挽回属于自己的爱情，让对方对你的感情急剧升温。

> 你写诗句，和她交换着爱情的纪念物；在月夜她的窗前你用做作的声调唱着假作多情的诗篇；你用头发编成的腕环、指戒、花束、糖果，这些可的玩具、虚华的饰物，琐碎以强烈地骗诱一个稚嫩的少女之心的信使来偷得她的痴情；你用诡计盗取了她的心。
>
> ——莎士比亚（英国）

策略一，欲擒故纵。

很多男人都喜欢会吊自己胃口的女人，所以，两个人在交往进入到怠倦期的时候，女孩们不妨采用欲擒故纵的战术，你对对方越是若即若离，对方反而对你越是欲罢不能。因为，在男人的逻辑里面，他们总是认为得不到的才是最有诱惑力的。

男人是猫，那么女人不妨试着做他眼前可望而不可即的那块鱼干，唯有如此，他才能始终保持对这段感情的激情，保持对你的渴望与追求。

策略二，投其所好。

当两个人在一起之后，你一定要想方设法知道对方究竟为什么会爱上你。如果对方是喜欢你温柔如水的性格，那么你不妨在平时的生活中对他多一点依赖；如果对方喜欢你坚强独立的性格，那么两个人在一起的时候不妨多给对方一些自由和独立的空间；如果对方是因为你精湛的厨艺才爱上你的，那么不妨亲自下厨做几道他最喜欢吃的菜，把他的胃牢牢地抓在自己的手里。

当然，投其所好并不是要求我们要无条件地顺从，如果对方的要求是合理的，那么我们可以尽力去满足，但是一旦发现对方提出过分的要求，就一定要义正词严地拒绝，以此来维护自己的尊严。

策略三，制造浪漫和惊喜。

是的，你没有看错，就是浪漫。不要以为浪漫是女人的天性，其实男人的骨子里也是十分喜欢浪漫的，有些时候与我们相比甚至有过之而无不及。

女孩们千万不要小瞧浪漫的作用，对于处在恋爱中的两个人来说，适当的浪漫就像是催化剂，有化腐朽为神奇的能力，能让两个人原本平淡的感情产生一些奇妙的化学变化，对方对你的感情也将会持续升温，最终变得一发不可收拾。

策略四，让他感觉轻松。

这个世界上没有十全十美的人，同样，在感情中也不会出现十全十美的恋人。不过，爱情之所以甜蜜，并不是因为自己找到了一个完美的恋人，而在于同一个普通的人努力去建立一种完美的恋爱关系。太关爱他、太讨好他，会把他宠坏；但是太自我、太高傲，又会让对方对你小心谨慎。爱情需要适度的空气和养分，他需要空间，你就给他空间；他需要自由你就给他自由，但是给多少，怎么给，这个度却是要自己来把握的。

女人心里话

既然你已经如愿以偿地攻占了他内心的制高点，那么就不要再妄自揣测自己在他心目中的地位了。每个男人心中都有一个"女神"，但是他们自己很清楚，女神是用来膜拜的，身边的这个小女人才是他真正值得珍惜的。

2. 读懂男人的浪漫柔情

爱如果为利己而爱，这个爱就不是真爱，而是一种欲。

——爱德门（美国）

不知道从什么时候开始，男女之间的爱情变得越来越少，暧昧变得越来越多。爱情与暧昧，发音听上去都差不多，但是内涵却相去甚远。其实，女人大都渴望爱情，但是有很多男人却喜欢周旋在几个女人之间，他们会跟你谈论所有的事情，但唯独爱情除外。如果你身边就有这样的男人，请你一定要远离他们。他们之所以迟迟不对你开口说爱，那是因为他们想要寻求某种刺激，或者证明自己的魅力。所以，女人，请一定远离"暧昧男"。

俗话说："男追女隔座山，女追男隔层纱。"可是，男追女真的就会这么难吗？而女追男又真的是如此简单吗？其实，男追女多半是很简单的事情，如果你觉得很难追，那多半是追错人了，但是不论怎样，依然有大部分男生在费尽千辛万苦之后成功地追到了喜欢的女孩。而女追男的情况似乎就没有这么好了。

当女人不遗余力地去追求她喜欢的那个人的时候，虽然已被告知对方对自己没有感觉。可是为了能够让对方回心转意，女人们还是会用尽所有的热忱去对他好，去感动对方。她们的想法很简单，只是想给对方建立一个以感动为基础的感觉。但是，最终换来的结果却让她们很是苦恼，因为，她们既没有被接受，也没有被拒绝，这就是所谓的暧昧状态。尽管暧昧一词在当今社会中有多种多样的解释，但是不管形式和内容如何，人们都难逃脱可悲的结局。

很多人都说，女人是暧昧的高手，尤其是那些漂亮的女人更是高手中的高手。殊不知，这些高手都是男人教出来的。男人们喜欢被追求的感觉，男人们都知道女人对什么最没有抵抗力，所以他们会在适当的时候给女人送去关怀，点到为止，从不多说，但是，正是这些举动在不知不觉中调动起女人对他们的爱。当女人们发现自己已经全心全意地爱上对方之后，就开始努力地去追求，去呵护，结果他们就变得忽冷忽热，忽藏忽躲。

他偶尔的一通电话、一条信息就会让你兴奋不已，让你似乎看到了无尽的希望，可谁知，再见他的时候，他对你一如从前，还是爱答不理，还是冷淡客套。你看着他与周围的人相谈甚欢，但是却唯独对你视若无睹。这样的情况不仅让你困惑不已，也在深夜里黯然神伤。

其实，暧昧如同鸡肋，食之无味，弃之可惜，所以，还在暧昧里挣扎的女人们果断地远离同你暧昧的男人吧。要知道，爱情是禁不起暧昧的调戏的，而真正的爱情也很难通过暧昧建立起来。暧昧这座错综复杂的情感迷宫终究会让人不能自已，即便是有人能够走出来，那么也必定是伤痕累累的。人们在暧昧的感情里有伤害、有迷失，每个人都在痛苦地维系着，又怎么能够坚持得长久？所以，聪明的女人会懂得远离男人的暧昧游戏。

女人心里话

当那个在深夜想要与你谈心诉苦的男人再来找你时；当他不时给你发来几条暧昧不清的短信时，请你一定要收拾好自己的心情，用一颗平常心去对待，千万不要以为这是他对你发出的"爱"的信号。或许他真的只是需要倾诉，而你只是他聊天对象里较为可靠的那个人罢了。当有一天，他换了新的环境，认识了新的人，你或许就连倾听的机会都没有了，因为自然会有更合适的人来代替你的位置。

3. 遭遇"奶嘴男"，幸或不幸

脑筋的人是最值得称道的。

什么事都自己动

——赫西奥德（古希腊）

所谓"奶嘴男"顾名思义就是永远都长不大的男人。通常这样的男人不分年龄大小，他们没有或者很少有自己的主见，时刻想要依赖别人。通常，"奶嘴男"的性格直率，心地单纯，但是平日里极爱撒娇，有些时候甚至比女生还会邀宠。一旦遇到事情，他们不会勇往直前，而是会躲在"奶嘴"的身后，表现出一副可怜兮兮的样子。女人们同这样的男人谈恋爱，通常得一边做他的恋人，一边再从他母亲那里接过"奶嘴"的接力棒。

那么，我们应该怎样鉴别"奶嘴男"呢？通常他们都会有以下几种表现，如果你的那个"他"符合四项以上，那么恭喜你，你"中奖"了。

（1）不管他长到多大，都会凡事只听父母的话，不论对错，照单全收。表面事事孝顺父母，其实是自己没有主见。

（2）"奶嘴男"们通常都很脆弱，他们就像是经不得摔碰的瓷娃娃一样，经不起生活中的挫折和磨难。

（3）情绪化十分严重。前一秒钟可能还跟你有说有笑，但是下一秒钟马上就翻脸不认人，说过的话忘得比谁都快，身边的所谓的"爱人"也在不停地更换。

（4）不论与谁在一起，都只关注自己内心的需要，总是以自己为中心，性格专横跋扈，身边所有的人都必须以他的需求为第一需求，而且别人永远都只是在他需要的时候才会存在。

（5）两个人在一起的时候，他永远都是要被照顾的对象，要论撒娇的功力，你远在他之下。他总是会以撒娇的方式来逃脱自己应该承担的责任。

（6）在他的概念里，女人能够撑起整片天空，所以他认为婚后家里所有的事情都可以由你一个人包揽下来。

（7）他是麻烦的制造者，不论何时何地，他总是状况不断。而在制造完麻烦之后他就会拍拍屁股，一走了之，留下的烂摊子就全部心安理得地交给别人去处理了。

（8）他对游戏情有独钟，尤其是网络游戏，更是他生活中必不可少的伴侣，他整日沉浸在游戏之中，好像你才是他在无聊时用来打发时间的工具。

（9）工作不求上进，认为只要在工作中不出什么麻烦就好了，其他的事情一概不考虑。

（10）如果你和"奶嘴男"已经结婚了，那么你最好祈祷自己永远都不要生病。因为，他从来都不会主动去照顾别人，即便是你躺在床上动弹不得，都不要妄想他能够给你倒一杯水。

除此之外，"奶嘴男"还有很强烈的恋母情结。孩子小的时候听话是懂事，长大之后听话被称为孝顺。可是，如果他与你在一起的时候，不论遇到什么事情都要第一时间打电话请示妈妈，那么这就不能叫作孝顺了。逛街迷路了，他会第一时间打电话给妈妈问路；买衣服拿不定主意的时候，他也会打电话询问妈妈买哪一件比较好；两个人不知道要去吃什么的时候，他还是会打电话请示妈妈该去哪里吃饭。

总之，你会发现，你们两个人在一起的时候，事无巨细，他的妈妈无处不在，小到穿衣吃饭，大到工作结婚，不论什么事情，他总是要在妈妈的遥控指挥下才能完成，自己没有任何主见和想法，妈妈说的就是对的，妈妈说的就是一切。在妈妈的庇护下，"奶嘴男"永远都是一个长不大的孩子，不论他的实际年龄有多大，

他的心智永远都只有三岁。

　　女人同这样的男人在一起，唯一能做的就是从他妈妈的手中接过接力棒，代替他的妈妈来履行职责，不要指望他能够为你们共同的家庭做出多少贡献和牺牲，因为，在"奶嘴男"的世界里，所有人都是为他服务的。所以女人们为了自己的幸福，还是远离"奶嘴男"为好。

女人心里话

　　"奶嘴男"从小受尽宠爱，他们已经习惯了手指所到之处都是他们的领土，所有的人都要无偿无怨无悔地为他们服务。所以，他们的眼睛里永远都不会看到你的悲伤和痛苦，同"奶嘴男"在一起需要三思，因为你只有默默付出、乖乖奉献的余地。

4. 愚孝的男人要不得

父在，观其志；父
没，观其行；三年无改
于父之道，可谓孝矣。

——孔子（春秋）

　　在现实生活中，每个人都喜欢孝顺的人，而且，还有很多女人把这一点列为挑选男朋友的必要条件。这样的要求无可厚非，可是一个男人对自己的父母孝顺，并不代表他会对以后的岳父岳母同样是孝顺的，对方是否能够将你的父母当作亲生父母来对待，还要以这个男人的责任感和自私程度来判断。更重要的是，女人一定要学会分辨对方究竟是真正孝顺还是毫无原则的愚孝。孝顺是一种优良的品德，而愚孝则是一种可怕的东西。

　　我国古代的清官海瑞是出了名的大孝子，可是他的孝却是愚孝。海瑞一生结过三次婚，纳过两个妾。他的大夫人在为他生了两个女儿之后，因为婆媳关系不和而被休；二夫人在与其结婚一个月之后也因为同样的原因被逐出家门；三夫人后来莫名其妙地就病死了；而他的一个妾则在同月自缢身亡。先后嫁给海瑞的五个女人，竟然有四个落得如此悲哀的下场，其中的原因竟然只是要讨母亲欢心。这样的孝顺难道是好事吗？

　　当然，在现代社会，肯定不会再有像海瑞这样的人，但是愚孝的思想却依旧存在。现在依然有很多男人都离不开父母，不论什么时候都要和父母住在一起才安心，而且对母亲说的每一句话都是言听计从，从来不敢忤逆。如果妻子与父母发生了争执，那么肯定全部都是妻子的错，随后男人就会对妻子大加责备，更甚者还会拳打脚踢。

　　身为一个成年男人，事事不敢忤逆父母，对父母说话的永远都是无条件地服从，就像是没有断奶的小孩一般。究其根源，还是因为父母对孩子过于宠溺，致使他们害怕失去父母的宠爱。

父母也是有血有肉的凡人，因此他们在看待一些问题的时候也会变得狭隘和自私，尤其是在对于自己孩子的问题上，父母总是会觉得准儿媳或者儿媳是他们家庭的第三者，于是他们就会对其提出许多无理的要求，每当这时愚孝的男人就会说："他们是我的父母啊，我还能怎么样？你就不能忍让一下吗？"

这句话听起来似乎没有什么大问题，可是仔细想一下，这句话的潜台词难道不是"我不想纠正他们的错误，这会让我会失去他们的宠爱，而且我也会被认为是一个不孝顺的人"。为了不失去父母的宠爱，为了不让自己背上不孝的帽子，于是男人们总是会纵容自己的父母，就像小时候父母纵容自己的坏脾气一样。说白了，其实这并不是为父母好，而是为自己好。

男人们自己纵容也就罢了，很多时候他们会要求自己的女朋友或妻子与他一起"孝顺"父母。如果在封建社会"男主外女主内"的社会环境下，这或许可以理解，但是，现在的社会已经发生了改变，女人们已经独立了。可是愚孝男们会自动忽略这一点，他们会以爱的名义将你娶回家，然后再以爱的名义对你进行压榨，"爱我，就要也爱我的父母，就要对他们无条件地顺从"。

这样的逻辑说来是有多么可笑，男人们作为利益的既得的一方，一边享受着自己的父母无理压榨儿媳带来的好处，另一方面理所应当地指责试图反抗的妻子没有孝心。这样的男人内心的自私程度可见一斑。

女人们，当你的身边有如此愚孝的男人的时候，除非你有足够的把握能够改变他，那么你可以选择与之结婚，否则的话，还是要三思而行。

女人之所以会选择孝顺的男人交往，无非是觉得孝顺的男人在人品方面不会太差。但是孝顺和愚孝之间的度是很难把握的，如果你遇到的男人恰好是愚孝男，如果你们恰好又结婚了，那么，当你同他的父母意见相左的时候，你的丈夫肯定是站在他父母那一边的，到时候你就只能忍气吞声了。

5. 为爱出击，千万不要迷路

逢山开路，遇水搭桥。
——纪君祥（元朝）

聪明的女孩在面对自己喜欢的男孩时，向来不会默默守候，被动等待，因为她们知道优秀的男人不是靠等来的，如果不早点儿下手，那么他就会从自己的手边溜走了。但是，她们也不会选择主动表白，因为男人对于过于主动追求自己的女孩都不会十分珍惜。她们会用一个十分巧妙的办法来"吸引"男人，这种方法能够引起对方足够的注意，甚至会让他疯狂地来追求自己。女孩使用这个方法来"吸引"对方注意的成功率可以说是百分之百，这个巧妙的方法就是投其所好。而且也有研究表明，女性要想成功地引起男性对自己的注意，主动迎合对方的喜好将会使成功率大大提升。

女孩在面对自己喜欢的人的时候，总会下意识地生出想要取悦对方的想法，这种想法是好的，但是很多情况下，女孩都只是按照自己想象中的方法去取悦对方，可现实情况却是女孩想象中的方法与对方的根本需求是完全不吻合的，这样一来就无法达到取悦对方的目的了。

要想投其所好，包装最为重要。不论一个男人怎样否认，其实女人最先能够吸引他们注意的都是美貌，所以，女孩要想成功吸引对方的注意，把自己打扮得美丽动人是必不可少的一步。但是，在包装这方面，他们又总是会按照女性的审美来对自己进行装扮，殊不知这样的想法和做法都是错误的。她们必须把自己包装成对方喜欢的样子才能够赢得对方的注意甚至好感。这里的包装不单单是指外表的装扮，其中还包括语气、体态等各个方面。

在这一方面，女孩们可以借鉴一下小说或者电视剧中最受男性欢迎的女主角的形象。女孩们可以从众多的女主角中选取一个与自己的气质和性格最为相近的，然后仔细地研究，平时可以对着镜子进行练习，以便能让自己学到其中的精髓。

模仿他人，这一点看起来十分容易，其实做起来非常难，因为你要学习到其中的精髓，但同时还要保留属于自己的风格。你要充分理解怎样才能够让男人喜欢，并且在关键的时刻能够做到让男人喜欢。

当两个人在一起后，女人一定要清楚地知道对方究竟为什么会爱上你，这一点至关重要，因为只有清楚地知道了对方喜欢自己哪一点，然后才能够快速准确做到投其所好，以便能够更好地抓住对方的心。当你认为对方快乐你就会快乐的时候，就一定切记不要把自己的喜恶强加在他的身上。

当然，投其所好也不能是一味地顺从，如果对方的要求是合理的，那么我们可以尽力去满足他，但是一旦发现对方提出过分的要求时，就一定要义正词严地拒绝，以维护自己的尊严。

不论是什么样的恋爱技巧都只是让你进入幸福大厅的入场券，而真正的幸福并不是靠单纯的投机取巧就能够得到的。要想把握住属于自己的爱情，就必须要付出自己百分之百的努力。唯有诚实经营自己的生活，才是幸福最为稳妥的保证。

6. 你不说，没人能懂你

有必要时，要编造理由主动出击。
——培根（英国）

在生活中，遇到心仪异性的机会可遇而不可求，可是很多女孩在面对心仪异性的时候，即便内心已经小鹿乱撞，但是表面上仍旧装作云淡风轻；即便内心已经爱得死去活来，但是她们也会保持着女孩的矜持，选择安静地等待。但是姑娘们，要知道时代已经变了，如今在这个男子都可以被冠以"花样"，女子都能够成长为"强人"的时代，女追男其实已经没有什么好害羞的了。

所以，当你遇到让你心动的极品优质男的时候，不妨主动出击。唯有如此，才能掌握局势的走向，将胜局一直拉到最后。

聪明的女人会化被动为主动，因为条件优异的对象就在那里，你不主动，别人就会主动把他带走了。就像你去买衣服一样，当你还在犹豫着要不要买下货架上那款自己喜欢的衣服时，旁边的人已经拿着那件衣服去收银台结账了。当你最终决定要买的时候，店员略带抱歉地告诉你，这件衣服已经售罄了，此时的懊悔心情我想只有你自己能够体会。

通常在感情中敢于主动出击的女性，她们敢爱敢恨，勇于表达自我。她们在追求自己所爱之人的道路上义无反顾、不屈不挠。而被锁定的目标则会在她们穷追猛打的强烈攻势之下，节节败退、溃不成军，最终只得举手投降。

韩剧之所以能够风靡中国，受到众多女性的喜爱且经久不衰的原因就在于，韩剧善于营造"女追男"的爱情情节，这样的情节极大地触动了中国女性向往爱情却又怯于释放自我，勇于追求爱情的内心。韩剧中的情节与中国女孩们自古以来就被灌输的"要矜持"的爱情观念背道而驰，这样"离经叛道"的情节自然会在她们的心中掀起波澜，造成极大的冲击。

面对新的时代，很多女性不甘心再站在被动的位置等待爱情的到来，她们决定主动出击，寻找自己想要的甜蜜的爱情，即便最后失败了她们也不会灰心，她们想要的就是给自己一个交代，也给心中的爱一个交代，并且她们相信只要心中一直拥有期望，那么老天一定会给自己一个最适合的人。在爱情中主动出击的女孩始终明白一个道理，世间的爱，都需要自己去努力争取才会得到。

幸福是要靠自己争取的，在爱情的世界里没有男女之分，只有主动与被动，只要你多一份追求爱情的勇气，那么最终肯定能将爱情牢牢抓在手里，而在感情中守株待兔的那个人永远不会成为最终的赢家。

在当今时代，女性的社会地位和经济地位都在不断地提高，相应的爱情地位也要跟上时代的步伐。只要自己放下固守的矜持，在爱情来临的时候勇敢地迈出第一步，那么最终你将会收获到甜蜜的爱情。

女人心里话

在男女交往中，其实没有一方是愿意先开口说"我爱你"的，因为每个人都对这句话产生的结果不能确定。男人不是不想主动，而是他们害怕被拒绝，而女性主动，被拒绝的几率就要小一些。恋爱是两个人的事情，不能由男人说了算，所以，你一定要适时地了解男人恋爱时的想法，进而走进他的心。

7. 听懂拒婚男的理由

那些给别人带来不幸的人有一个共同的借口，那就是他们的出发点是好的。

——沃维纳格（法国）

现在有很多女人都有一颗恨嫁的心，当与男朋友相处一段时间之后，她们就会迫不及待地提出结婚的要求，她们觉得，如果不到婚姻这一步，自己永远都不会安心。姑娘们，现在不比以前，不要以为你一跟对方提结婚他们就会迫不及待地答应了。现实生活中，有很多男人会因为你突然的要求被吓跑。那么，我们是否能够从男人拒婚的理由中洞穿他的内心呢？

通常而言，男人拒婚的理由有以下几种，这几个不同的理由分别折射出了男人不同的心理。姑娘们，赶紧来看一下你的那个他有没有这些问题吧。

理由一，"上一段恋情给了我很大的阴影，我需要时间恢复，所以，我希望你能再等两三年"。

通常而言，男人摆脱失恋阴影的速度要比女人慢，但是这样的理由不能够成为他拒婚的合理借口，不过这样的男人相对而言还是很恋旧的。男人在婚姻上也会有对比，他希望自己的女友一个比一个强，他之所以不肯与你结婚，恐怕就是因为他从内心里认为你没有他的前女友优秀。而他要求预留出两三年的时间，他究竟是选择继续与你恋爱疗伤，还是去寻找更加优秀的人就要看你怎么做了。

理由二，"我觉得自己现在还没有能力给你好的生活条件"。

女孩们，如果你的男朋友给你这样的拒婚借口，而你又是奔着结婚的目标去的，那么你最好重新审视一下你身边的这个男人对你究竟是真心还是假意。通常，选择这种理由拒婚的男人都是标准的只想恋爱不想结婚的"花花公子"。所以女孩们一定要好好考虑一下他究竟是真心爱你还是只是单纯的想要跟你玩玩。要知道一个男人如果真的很爱他的女朋友，那么他会不顾一切地想要拥有她，他宁愿她跟着自己受苦，也不愿看到她跟别的男人享福。

理由三，"我父母不同意"。

尽管人们都说得不到父母祝福的婚姻是不会幸福的，但是，如果一个男人把父母的意见当成自己能否结婚的圣旨，那么这就说明这个男人还不够成熟。即便你们今后结了婚，他过于依赖父母的性格，也会给你们的婚后生活带来很多的矛盾，你永远都不要指望他能在你与他的父母产生分歧的时候主动站在你的面前，维护你的权益。当你迈进他家的大门的时候，一定不要天真地以为最难过的是公婆这一关，其实真正难过的是在婚后漫长的岁月中，你那缺乏担当的另一半带给你的无休止的疲倦。

理由四，"我觉得你的父母看不起我"。

以这样类似的话语作为拒婚理由的男人通常脾气都不会太好。不可否认，这样的男人自尊心很强，但是这样的自尊背后通常都会隐藏着些许自卑，而这样的自卑又极有可能让他形成大男子主义情结。如此一来，在结婚之后他难免会对自己的妻子颐指气使，如果你肯顺从他还好，如若不然，那么你们的婚后生活也不会幸福。

女人们总是这样，不论与对方在一起多长时间，如果没有婚姻作为保障，自己始终都不会安心。不过也有一些女性觉得双方正处在热恋期，谁都离不开谁，就会觉得很放心了，殊不知，恋爱时间越久，男人就越不想娶你。

8. 放手，你值得拥有更好的生活

——刘向（西汉）

其曲弥高，其和弥寡。

在感情方面，不论一个女人有多么优秀，也会有被抛弃的可能。在被抛弃后，女人们千万不要相信什么"男人之所以会抛弃你，是因为你自己不够优秀"之类的话，一个男人如果想要抛弃你，不论你再怎么优秀也无法"幸免于难"。而很多时候，你被抛弃的原因并不是你不好，恰恰相反，而是因为你太好了，让男人产生了压力，所以才会将你抛弃的。

如果一个男人的身边时刻都有一个不论学历还是相貌都样样出色的女人陪伴，刚开始的时候他可能会觉得自己风光无限，但是时间久了以后，他就会感到一股无形的压力，因为他感觉和这样的女人在一起无法彰显出自己的强大，同时也感到十分疲惫，于是他开始渴望能够挣脱这样的阴影。而摆脱这种阴影的唯一办法就是分手，于是很多优质女人就在男人这样的心态中被抛弃了。所以，不论什么时候，女人都不要相信"坚贞"二字是铁打的，很多时候，男人之所以对你坚贞，那是因为他们还没有遇到更好的。

很多女人在被抛弃之后都会感觉生活没有任何乐趣，有些甚至还会为此而寻死觅活，其实这完全没有必要。在古代，女子被休的时候，如果没有办法像卓文君一样，能够写出"闻君有两意，故来相决绝"这样的意气诗句来打动负心汉的铁石心肠，那么就只能悲戚戚地哭着回娘家了。可是现在，女人被男人抛弃已经没有古代时期那么严重的悲剧意义。

其实，被抛弃不可怕，可怕的是你始终将自己的哀怨摆在桌面上，变得如同祥林嫂一般，逢人就讲述自己的不幸，自此一蹶不振。这个时候，我们要做的应该是不动声色地继续自己的生活。要记得，很多时候，男人抛弃你，并不是因为你不够好，而是因为你太过优秀。所以，你没有必要因此哀哀戚戚，觉得是自己不够优秀，配不上他。

有句广告语是这样说的："爱情之所以是美丽的，正是因为它是自由选择的。"细细看来，这句话似乎不无道理。一个人爱谁或者不爱谁，他们都有权利去自由选择。所以，在爱情这场游戏里面，没有孰对孰错，也没有是与非的问题。不管什么时候，都要自己做一个坚强、自立、美丽的女人吧。

一个女人可以生得不漂亮，但是千万不可活得不漂亮。不论何时，渊博的知识、良好的修养、落落大方的举止、优雅不俗的谈吐以及博大的胸怀都一定能够让人们活得足够精彩和漂亮。即使你本身长得并不漂亮，但是这并不影响你活得漂亮。所以，女人们当你被男人抛弃的时候，就要活得比之前任何时候都要精彩和漂亮。因为，你已经足够优秀，没有必要再为了无谓的人伤神，与其整日凄凄惨惨戚戚，倒不如让自己活得再精彩一些，生活是自己的，何乐而不为呢？一个人只要乐观向上不自弃，那么终有一日你一定会找到那个值得你托付终生的人。

女人心里话　　女人可以生得不漂亮，但是不能活得不漂亮。即便是再优秀的女人也可能会被男人抛弃，在被抛弃后，女人很快调整自己，独立而坚强，甚至比以前活得更加精彩。这样的女人无疑是最争气的，因为她们从来不会将自己的哀怨放到桌面上。

第五章

婚姻是女人一生的修行

男婚女嫁自古以来就被称为终身大事，是一个人一辈子的事情。婚姻意味着与一个人结合并共同度过一生，从此，两个人朝夕相处，荣辱与共，正因为婚姻具有这种能够改变人们生命轨迹的神奇魔力，所以很多人都在婚姻的大门之外徘徊，犹豫不决。而女人，在结婚之前更应该慎重地考虑清楚，毕竟婚姻是女人一辈子的事。

1. 不要让婆媳关系成为一种包袱

婆媳之间产生矛盾，婆婆和媳妇各打三十大板，丈夫该打四十大板。
——中国俗语

自古以来，婆媳关系都是让人十分头疼的问题，两者之间的关系如果处理得当，那么自然是皆大欢喜，但是如果两者关系处理得不好，那么家里自然就会出现问题。婆媳之间之所以会如此不相容，大家都过分地关注当事人双方，反而忽略了问题的实质。其实，婆媳关系不仅仅是一个简单的二元对立的关系，而是婆婆、媳妇和儿子的三角关系，而儿子是这个关系中的核心。所以说，婆媳关系难以相处，实质上是折射出了婆婆与儿子的关系。

"百善孝为先"这是自古以来构成中国人"文化潜意识"的一大要素，而这也成了婆媳关系难相处的最重要的原因之一。本来，母亲疼爱儿子，儿子孝顺母亲是很正常的事情，但是，过犹不及，不论什么都要讲究一个度，如果这个度把握不好，母子之间过于亲密，结果就会导致母亲的控制欲越来越强，而儿子就会对母亲的依赖越来越强。可以试想一下，一个想要时刻控制儿子的母亲在某一天一旦意识到自己含辛茹苦一手带大的儿子在结婚之后就要被另外一个与自己毫不相关的女人"接管"的时候，她心中的感受可想而知，即便她表面上接受这个儿媳妇，但是在内心深处她还是会有排斥心理的。

而且，婆媳关系本身就是一种三角关系，过分疼爱孩子的母亲会在潜意识中将儿媳妇当成潜在的敌人，于是就会时时、事事针锋相对，而后者也不会甘愿做受气的小媳妇，自然也就不甘示弱。于是，双方你来我往、明争暗斗，好不热闹。如此这般的婆媳关系又怎能相处得好？

就在婆媳之间针锋相对的时候，身为母亲眼中乖宝宝的丈夫自幼就习惯了对母亲言听计从，在母亲面前的时候性格难免懦弱，所以这个时候他很难起到"双面胶"的作用，有些时候甚至会在不知不觉中将心里的天平偏向自己母亲那一边，而妻子这一边就无暇顾及了。久而久之，婆媳之间的矛盾得不到有效的化解，反而还影响了夫妻之间的感情。因此，婆媳关系紧张的根源还是在于丈夫总是被他的母亲过分保护。

有人形容这种被夹在母亲与妻子之间的男人为"三明治丈夫"，他们表面上看起来孝顺至极，但是实际上是精神上尚未断奶的孩子，他们早已适应了母亲怀中乖宝宝的形象，却无法成为保护妻子的好丈夫。婆媳关系之所以会越来越紧张，只是因为她们的后面有一对亲密的母子。男人真正的孝顺是与母亲"划清界限"，这里的"划清界限"并不是指脱离母子关系，而是让自己从母亲无所不在的关注中"解脱"出来，让自己真正长大，告诉母亲要把自己的妻子同自己看成是一个整体，不要把儿媳妇当成"假想敌"来对待。

女人心里话

婆媳关系不和的实质就是母子关系超过了夫妻关系。而夫妻关系的好坏则直接影响家庭的和睦。通常，那些不正常或者问题重重的家庭关系往往都是夫妻关系不和导致的。男人真正成熟起来是从母亲身边彻底独立的那一刻开始的，孝顺父母是理所应当的事情，但是孝顺并不意味着无条件地顺从，更不等于为了迁就母亲的需要而牺牲掉妻子的利益。

---

2. 走入围城，爱没那么简单

幸福的婚姻不仅需要交流思想，也要感情交流，把感情关在自己心里，也就把妻子推到自己的生活之外了。

——奥斯汀（英国）

人们总是会听到婚后的女人们向他人抱怨："结婚后，我的丈夫就像变了一个人一样，说话越来越少，有时简直就是在逃避交流。是不是他变心了，不爱我了？"对于女人们这样的话，很多婚后的男人肯定都会直呼"冤枉"，可如果不是因为变心了，又怎么会患上"婚后失语症"呢？

婚后失语症在心理学上也被称为中年危机，指婚后曾经特别亲密的夫妻变得陌生起来，彼此之间甚至会成为"最熟悉的陌生人"。这种情况多是由于夫妻双方的工作环境、社交圈以及作息的差异导致的。

在恋爱时，不论男女都是"话痨"，两个人即便是每天见面也会有说不完的话，可是结婚以后，随着感情日渐稳定，工作繁忙等各种原因，夫妻双方都会忽略与另一半心灵上的交流与沟通，没话说成了现代很多夫妻日常生活的现状。其实，婚后失语并不能表示夫妻之间的感情不好，而是因为两个人都感觉彼此在一起的时间有很多，所以没有交流的迫切感。除此之外，"忙"也成了夫妻之间交流过少的借口，于是他们就更加不会主动抽出时间来与彼此交流。

婚后的男人可以和同事、客户、朋友、同学等任何人来分享自己的生活感受、人生经历，但是一回到家里面对自己的另一半却变得没话说，久而久之，两个人的共同语言越来越少。婚后失语其实是婚姻中一种不和谐的状态，这种状态不仅会让夫妻二人的心理变得越来越不健康，而且也会在不知不觉中对婚姻生活造成很大的伤害。

"婚后失语症"经常会在双方不自觉的情况下发生。很多人都认为，一旦成为夫妻那么就是一家人了，两情相悦自是天经地义的，又为什么要一遍一遍地讲出来呢？于是，很多夫妻在这种观念的支配下，一反热恋时的亲密与热烈，在感情表达上开始变得扭扭捏捏，即便是出了问题，他们也习惯了用沉默来发泄不满，他们总是认为对方应该"悟"得出来，于是最终变得无话可说。

不论是什么原因引起的"失语"，对夫妻双方来说都是致命的，对双方的身心健康都是不利的。其实，夫妻之间的沟通也是一门艺术，需要进行培养，而很多人却恰恰忽略了这一点。不论夫妻二人处在婚姻的哪个阶段，都需要留有一些属于自己的空间，要有一些各自的新鲜感。就如同两个相交的圆，彼此之间有重叠的部分，但同时也会留有各自的空间。夫妻之间的距离还需要双方共同拿捏，这就如同两只刺猬一样，距离过近就会刺伤对方，也刺伤自己；而距离过远就会让交流变得困难，最终造成"失语"。

女人心里话

夫妻二人不论处在婚姻的哪个阶段，保持新鲜感都是必不可少的。即便平时工作再忙，也要抽出一点儿时间来进行调适，创造新鲜感。夫妻二人可以在周末的时候一起出去寻找一下最初的浪漫、创造一个简单的二人世界。夫妻之间只有有了新鲜感才会有想要沟通的动力。

3. 谁说婚姻就是爱情的坟墓

> 美满的婚姻是人生最大的幸福之一，不幸的婚姻无异于活着下地狱。
>
> ——奥斯瓦尔德施瓦茨（澳大利亚）

常言道："相爱容易相守难。"步入婚姻的殿堂，两个人的路才刚刚开始，可是要想保持热恋时的浪漫却是很难做到。有人说："婚姻是爱情的坟墓。"也就是说，结婚就意味着激情的冷却以及爱情的消逝。难道相守真的那么难吗，难道婚姻真的如此可怕吗？

爱情的最终归宿是婚姻，而婚姻最终的归宿又会是哪里呢？爱情是浪漫的，可是婚姻是现实的。人们可以站在爱情的角度去幻想以后幸福美好的婚姻生活，但是却无法站在婚姻的角度用浪漫去幻想爱情似的婚姻。两者看似不可得兼，但是其实是可以共存的。

如果你还没有意识到，那么不妨看一下身边那些在甜蜜中的新婚夫妇，这时候你就会明白其实爱情和婚姻是可以共存的。都说婚姻是爱情的坟墓，其实是因为双方不懂得应该如何去经营爱情和婚姻。

两个相爱的人在结婚之前，对对方一定是有感觉的，但是结婚之后的日子却变得平淡了，婚姻失去了爱情那样鲜明而浪漫的色彩，其实这只是因为婚后不论男人还是女人都放下了在爱情中的浪漫，转而把精力投向了其他地方，比如工作。两个人之间的爱情并没有消逝，只不过是两个人在婚后忽略了爱情。其实，只要多花些心思在感情上，爱情就能以一种更加温情的面貌与婚姻同在。

生活中的各种细节同样也决定着婚姻的成败，因为人的感情是复杂且微妙的，所以，在夫妻感情的交流中，某些细节也起着十分重要的作用。其实，婚姻比爱情更需要浪漫，浪漫不仅仅是婚姻的保鲜剂，同时也是增进夫妻感情的加油站。生活中的夫妻二人不需要刻意地去制造浪漫，因为婚姻中的浪漫随处可见，只不过人们忙于交际应酬，把它们给忽略了而已。当丈夫在下班之后一身疲惫地回到家中，妻子一声很平常不过的"你回来了"就充满了无限的温暖。其实，这就是婚姻中最朴实也是最常见的浪漫，在这样的浪漫中，我们能否感受得到婚姻中如爱情般的浪漫呢？

婚姻中的浪漫隐藏在每天我们不经意的话语里、眼神里、微笑里，婚姻中，每天的日子都是相同的，而每天婚姻中的爱情和浪漫却都是崭新的。每天不同的眼神、不同的微笑，都是来自心与心的交流，在日积月累之后，沉淀在彼此的默契之中。

两个人在一起过日子少不了磕磕绊绊，但是夫妻双方能以幽默和宽容来化解这些误会，那么不仅烦恼消失无踪，夫妻之间也会更加恩爱。两个人既然已经在一起，那么就不要吝啬对对方的赞美。在日常生活中善于发现对方的优点，不断向对方示爱，这样才能让对方更有信心，婚姻之路也会走得更加稳妥。

女人心里话

婚姻并不是爱情的坟墓，它只是一面放大镜，将爱情中不美好的一面给放大了，而不同的人对此会用不同的方式去对待。有些人会小心翼翼地将这些缺陷填补好，而有些人则对此视而不见，而且还会不断地制造新的伤痛。婚姻也是需要经营的，千万不要以为结了婚就万事大吉了，婚姻中的爱情同样也需要保鲜，一句温柔的生日祝福，一顿浪漫的烛光晚餐，一次说走就走的旅行……这都能够让我们婚后的爱情持续升温。

4. 糊涂一点儿，让婚姻更美丽

聪明难，糊涂难，由聪明而转入糊涂更难。
——郑板桥（清）

清代著名书法大师郑板桥曾经写过这样一句话："难得糊涂。"这句话不仅可以用在人们日常的人际交往中，同样也适用于夫妻二人的婚姻生活中。

有两名身患癌症的病人，其中一名耳朵灵便，而另一名听力不佳。有一天，医生找到这两名癌症患者的家属，并对他们说，这两名患者的病情十分严重，他们只剩三个月的时间了。耳朵灵便的那名患者偷偷听到了医生同家人的对话，于是，整日郁郁寡欢，结果三个月的时间还没有到他就已经死了。另一名听力不佳的患者什么都不知道，他每天都像往常一样，该干什么就去干什么，每天的心情也十分舒畅。令人惊讶的是，两年过去了，这名患者依然好好地活着。

所以，有些事还是糊涂一点儿比较好，生活如此，爱情亦如此。在爱情中，很多事情不知道要比知道好，不灵通要比灵通好，不精明的要比精明好。两个人在结婚以后，双方都会毫无保留地将最完整的自己展现给对方，认为将自己的缺点毫无保留地告知对方是对他的尊重，其实这有什么必要呢？

在婚姻生活中，夫妻之间应该学会宽容和谅解，两个人既然组成了家庭，在一起过日子，那么磕磕碰碰肯定在所难免，很多事情睁一只眼闭一只眼，过去就算了，没有必要事事较真。总是在细微之处纠结，那么不仅自己会生活得非常累，而且你的生活激情还会在不断地较真中被一点一点消磨掉。

　　所以，在婚姻中一定要学会"难得糊涂"，所谓"糊涂"并不是指对待任何事情都不管不问，而是指在面对小事的时候，糊涂一点儿无妨，但是在面对原则性的问题的时候一定不能糊涂。小事糊涂是一种修养、一种胸怀、一种技巧、一种包容，更是一种成熟。婚姻中的一切问题都没有解决之道，所谓成事在人，关键还是看你想要怎样去解决。

　　在婚姻中，如果能够"糊涂"一点儿，女人就会远离很多烦恼，生活也会因此变得更加快乐。一句"难得糊涂"道出了处事的真理：聪明易做，糊涂难为，为世事纠缠不清的人很难会有大智慧、大作为。不要非得苛求对方功成名就，只要他对你好，你还有什么不满足？不要奢求两个人在一起的时候激情永在，万事只有归于平淡才是真，不要在意付出与回报是否对等，也不必在乎曾经无心的伤害，这个世界上没有绝对的对与错。所以，女人们在面对婚姻的时候，永远都要记住该记住的，忘记该忘记的，这是婚姻生活中的大智慧。

　　女人要想拥有稳定的婚姻，很多时候是需要用心来周旋的。在结婚之前睁大眼睛，慎之又慎选一个能够照顾你一辈子的人；结婚之后睁一只眼闭一只眼，适当地收起自己的好奇，这样自己的生活会变得更加快乐，而且也不会因为生活中的琐碎之事而让自己的脸上留下岁月的痕迹。

女人心里话

　　难得糊涂，生活如此，爱情亦如此。很多的快乐和幸福其实都蕴藏在糊涂之中，一旦清醒过来，可能所有的快乐和幸福也就消失不见了。不要太过计较，糊涂一些又何妨？要让自己想得开，放得下，唯有如此才能够让自己从生活的琐事中挣脱出来，收获幸福的婚姻生活。

5. 以感恩的心来营造二人世界

爱是一种能力，而珍惜是爱的翅膀。这个世界并不缺少关爱，这个世界少的是会飞的爱。

——福楼拜（法国）

应该怎样来经营婚后的二人世界？不同的人会有不同的答案，这确实是值得研究的一个问题。有些女人在婚后心甘情愿让自己被困在灶台旁边，甘心为丈夫洗手作羹汤，如此用心良苦的经营结果却换来了丈夫的背叛；而有些女人不做饭、不干家务却依然能够紧紧抓住丈夫的心，这究竟是为什么呢？

其实，男人都希望自己的妻子能够是知情知趣，了解自己心意的人，能够与自己拥有共同的生活乐趣；除此之外，妻子还应该是自己心中的理想和精神寄托。因此，妻子只有为丈夫营造一个温馨舒适的生活环境，让他感到幸福，才能够真正留住他。而要做到这一切，都要求夫妻双方要以感恩之心来营造二人世界。

不论生活还是婚姻，要想过得幸福，就要以一颗感恩之心来对待。并不一定是要对方为你做了什么你才去感恩，而感恩也不一定是要感谢对方的大恩大德。感恩是你对生活、对婚姻的一种态度。怀有一颗感恩之心，就等于拥有了发现对方的美并且能够欣赏他的美的能力。婚姻中，懂得感恩便是参透了一门智慧的婚姻经营哲学。

在婚姻生活中，懂得感恩的夫妇会相互尊重对方的嗜好，并给对方留出充足的个人空间，只有这样，你们的婚姻才会是幸福美满的。因为，生活中任何两个人的思想、意见和愿望都不可能相同。所以，婚姻中的两个人要多给彼此留出一点儿私人的空间，并且尊重对方的嗜好，只要他不把这种嗜好变成一种恶习，那么就尽量去满足他吧。此外，试着去适应并分享对方的嗜好或者偏爱，也是维持幸福婚姻的一个重要因素。

要记得随时向你的伴侣表示感谢，不要认为夫妻之间表达谢意是一件让人难为情的事情，其实，夫妻双方有些时候是需要这样的表达的。当你对你的爱人说感谢的时候，不论对方如何看待，但是你一句"谢谢"却承载了你对他的一片真挚的谢意。感恩其实并不需要用什么特别贵重的礼品来表达，也不需要多么华丽的辞藻去修饰，只不过是日常生活中简单的问候，亲手为对方泡的一杯茶。

当你怀着一颗感恩的心来对待婚姻生活的时候，你的态度就会是快乐并且积极向上的。当你用感恩之心来对待你的爱人的时候，你的心胸会变得更加宽广，你的心灵也会变得更加洁净。

感恩之心就像是一颗爱的种子，它承载着责任和希望，能够让人们的生活变得更加幸福和美好。所以，在婚姻生活中，以一颗感恩之心去经营二人世界，你就会发现原来幸福的婚姻如此简单。

女人心里话

婚后两人之间的爱意有时候仅凭一个眼神或者一句话就足够了。婚姻大事关系到自己一辈子的幸福，所以女人还是应该从自身出发，千万不可为了一时的虚荣误了自己的一生。在婚姻生活中常怀感恩之心，你就会收获你的幸福。

6. 爱的束缚不可取

凡是不给别人自由的人，他们自己就不应该得到自由。
——林肯（美国）

男人天性热爱自由，即便是在婚姻生活中他们也希望自己能够有一定的独立空间。当一个女人企图以爱的名义束缚住身边的这个男人的时候，通常会将他们逼走，可是他们选择离开并不代表不再爱你。

其实，在婚姻生活中，即便一个男人再爱你，也不愿意被你完全拥有。即使在最初的时候他觉得这是出于对他的关心，但是时间一久，他就会觉得这是一种人格骚扰，你在无形之中给他施加的压力就如同囚牢一般。此时，不管这个男友有多么爱你，他的心中也只有一个念头，那就是逃脱，离开你的束缚。

其实仔细观察就会发现，女人时常会以爱的名义去约束男人。她们会经常盘问男人的去处，翻看男人的通话记录，不允许他们同异性接触，他们所有的决定都要以女人为出发点，对她们稍有不满，她们就会大发雷霆，认为是男人不够爱自己，不理解自己。男人结婚是想找一个伴侣，而这个伴侣不仅仅局限在肉体上，同时也应该是精神上的。而你每天无休止的盘问和无理取闹会让男人感到生活无望，他们感到窒息，为了活命，他们必须要逃离。

李娜在大学的时候认识了自己的丈夫，在坠入爱河之后，李娜就像飞蛾一般一头扎进了爱情的火里。她认为对待爱情要采取"蜜糖主义"的方法才会让爱情更加甜蜜。于是，每天除了上课和睡觉之外，她都和男朋友黏在一起，别人都认为他们是一对如胶似漆的恋人，而李娜也为此感到十分高兴。大学毕业后，两个人就结婚了。

在婚后，李娜为了牢牢地将丈夫抓在身边，不仅将经济大权收入手中，而且还经常以爱和关心的名义去干扰丈夫的工作。到后来，李娜一旦听到有异性打电话给丈夫，她就会坐在一边听着，通话结束后她还会一个劲儿地向丈夫打听对方的情况，一旦丈夫露出不耐烦的表情，李娜就会眼泪汪汪地问："我这都是为了你好，你怎么会不理解呢？"有些时候李娜甚至会给对方打电话，对她们说："我们已经结婚了，请你以后不要再给我丈夫打电话了。"

李娜以爱的名义渐渐地将她的丈夫变成了自己的私人物品，最后，不堪忍受的丈夫终于向她提出了离婚的要求。他对李娜说："你抓得太紧了，而我需要喘息。尽管我离开你，但是不代表我不爱你了。"至此，李娜才醒悟过来，但是已经为时晚矣。

有时候，女人不仅算计男人的行动，还会算计他们的感情，以爱的名义将对方绑在自己身边，这种"爱"只会让男人感到束缚。一旦他们的忍耐到了极限，就会像李娜的丈夫一样，不顾一切地逃走。

女人心里话

女人千万不要走进爱情的死胡同，一旦如此，她就会觉得眼前的这个男人是稀世珍宝，她们必须时时监管着才能防止不被其他的女人"挖墙脚"，如此一来就会在不知不觉中把男人变成了自己的私有财产，这种做法在婚姻中是绝对不可取的。

7. 婚后能不能幸福，要看你是否懂得知足

我要微笑着面对整个世界，当我微笑的时候全世界都在对我笑。

——乔·吉拉德（美国）

在电影《游龙戏凤》中有这样一句话："传说中，幸福是一个玻璃球，掉在地上会变成很多碎片，每个人都有机会去捡，但是不管你怎么努力都不可能捡完，不过，如果你努力了，还是会捡到一些。"所以，与其耿耿于怀自己没有捡到的部分，倒不如为自己捡到的而庆幸，生活究竟是要快乐还是要悲伤，完全由你自己掌控。婚姻亦是如此，你的婚后生活过得究竟是开心还是悲伤，就要看你如何经营。

县城里开了一家奇怪的商场，在这里，女人们可以自由地为自己选购丈夫，但是商场入口处有如下说明：

一、所有顾客只能光临本店一次。

二、本店共分六层，男人的质量会随着楼层的升高依次上升。

三、您可以选择任意一层的任意一名男士或者继续到上一层。

四、不允许返回下一层。

一位女士决定来这里选择一位终身伴侣。她走进商场，只见一楼的牌子上面写的是"有工作的男人"，于是她转身上了二楼。

二楼的牌子上写着"有工作且有爱心的男人"，这位女士稍作停顿之后又立刻上了三楼。

"有工作、有爱心、相貌好的男人"三楼的牌子上这样写着，这位女士心想："这可真不错。"但是她依旧没有停下脚步，去了四楼。

四楼的招牌写着"有工作、有爱心、非常帅、有责任感的男人",这位女士不禁感叹道:"这可真是太棒了!如果找一个这样的男人肯定会很幸福。"可是她说完又转身上了五楼。

五楼的牌子上写着"有工作、有爱心、非常帅、有责任感、浪漫的男人",女士看到这个觉得很有诱惑力,她想停下来在这一层选一个伴侣,但是随即她又带着期望的眼神看了一眼六楼,最终她决定放弃这一层。

等她走上六楼的时候,她发现那里什么都没有,只有一个大大的牌子,上面写道:"您是第41863位光临本层的顾客,这里没有男人,设置本层的目的只是为了证明要让女人心满意足是不可能的事情。"

"不满足"是女性在爱情和婚姻里常有的一种心态,很多女性在结婚以后总是会抱怨说:"为什么我就没有别人幸福呢?"

其实,你选择结婚的对象就像是在批发市场买苹果一样,你不可能很幸运地买到一整箱的好苹果,你必定是要接受那些看起来不怎么样的苹果。那些不怎么样的苹果就像是婚姻中存在的各种各样的问题。你只有试着接纳与包容,才会让自己的婚后生活幸福美满。如果你自己不试着去改变心态,不去接纳和包容对方的缺点和婚姻中的小问题,那么你就只有羡慕他人的份儿了。

其实,每个人的婚姻生活都是幸福的,只不过你只看到了他人的幸福,而忽略了自己的幸福。你片面地夸大了他人的幸福,缩小了自己的幸福,所以你永远都觉得他人的婚姻是幸福的,而自己的婚姻则是一团糟。其实,这一切都是你自己的臆想。

很多时候,并非他人比你多得到了什么,而是你比他人少了一颗能够灵敏感受生活的心。你一个劲儿地抱怨上苍不公,一个劲儿地羡慕他人,却从没想过自己其实就生活在幸福之中。

所以，婚后你的快乐与悲伤真的都是自找的。

女人心里话　　女人是一种很奇怪的生物，没有拥有的时候，觉得一件东西无比的好，可一旦拥有了就会觉得它也不过如此；当她拥有的时候，多好她都觉得不够好，可是一旦失去了，她就会怀念以前的日子。所以，很多时候并不是你不幸福，而是你身处幸福之后却没有感觉到幸福。

8. 你的状态对了，你的婚姻才会对

不会迷失方向。
——波兰名言

经常问路的人

女人千万不要在婚姻中迷失自我，婚姻生活只是你自我生活中的一小部分，并不是全部，要保持自己身心的完整。所有的男人都会有一种想要把自己喜欢的女人变成自己附属品的心理倾向，这是男人的天性使然。他们这种带有一定攻击性的天性会在无意识中削弱女性的生存能力，影响她们的人格独立能力，有些时候甚至还包括精神的知觉能力。看起来，对方是在悉心地照料你，而你也很享受这种全方位的关照，但是你在享受的同时也会失去很多东西。

所以，女性一定要正确地理解婚姻。不得不承认，"婚姻"这个词会给人一种十分美好的遐想，但是不论再怎么美好，它也只是人们生命历程中必须经历的一个阶段，而且，婚姻暗藏的不稳定性或许会让它在不期之间就离你而去了。如果你十分珍惜你的婚姻，那么就一定要善待它，并且努力把握你们相爱的每分每秒。要知道感情是感性的，而婚姻是理性的。女性在对待自己婚姻的时候可以在内心保持感性的同时，在婚姻中保持理性，以维护两个人的共同利益。

所以，女性一定要正确地理解在婚姻中的男人。尽管婚姻是对彼此十分郑重的承诺，但是这并不代表与你同床共枕的那个男人就是你的专属。他的生命是属于他的，他有属于自己的命运和人生轨迹，与你的结合只是他人生轨迹中的一小部分，你只能参与这一段而不是全部。他也许不能陪伴你一辈子，在你们携手前进的路上或许会有其他的女子、事故、疾病把他从你的身边带走，那么此时你也不要过于难过悲伤，而是感谢，感谢他愿意陪你共同走过一段路程，哪怕那段路程很短。

而且，不论是生活中还是婚姻中，女性都一定要正确地理解道德。不论什么时候保持正常的道德心是一件很重要的事情，道德其实也是一种自我约束的能力，我们凭借它与自身不理智的东西相对抗，然后规划自我行为。适度的道德约束是必要的，但是极度的道德化是不可取的，凡事都是过犹不及的，过度地自我约束就会变成一种自我陷阱，人们一旦陷入其中便动弹不得。而且，在生活中，我们只能选择用道德来约束自己，却无法用道德去约束他人，即便是自己的丈夫也不例外。

无法用道德来约束他人并不代表我们不向对方施展道德压力。当你面对一个背叛你的男人的时候，你首先要确定你眼前的这个男人是不是可以信赖的、善良的，如果是这样的话，那么你在面对他的背叛的时候就可以适当地施展道德压力，令其回心转意，进而挽救你们的婚姻。

所以，不论你的婚姻现在是什么模样，只要你能够让自己处在一个正确的模式当中，那么，你的婚姻就是正确的。糟糕的婚姻会因为你的正确处理方式而变得有所缓和，而美满的婚姻会在你的正确经营之下变得愈发温馨与美好。

女人心里话

如果你的婚姻已经开始出现危机——不论是对方决意离婚还是另有新欢——但是你却不知道应该怎样应对的时候，那么此时你一定要切记，不论什么时候都不要上演"一哭二闹三上吊"的戏码，这样只会让男人感觉如果再继续留在你身边，那么以后的日子将会是水深火热的，促使他更快离开你。此外，也不要在丈夫面前贬低他的出轨对象，也千万不要自作聪明地去找她"谈谈"。最后一点，切记不要去丈夫的单位闹事。

9. 人生那么长，让他一下又何妨

所谓爱情能够满足一切……只是对于情侣而言：至于夫妇，除了以苍穹为屋顶和以绿茵地毯之处，还需要更多的一些东西的。

——巴尔扎克（法国）

心理学家表示，现代人要想在社会中获得成功，首先要具备的一点素质就是不服输的品行。可是，如果想要收获一份成功美满的婚姻，那么就要学会和把握怎样去"输"了。不要以为"输"是一件很容易的事情，在婚姻生活中很少有人能做到这一点。

世界上没有思想完全相同的两个人，即便是夫妻也不例外。两个人组成一个家庭，共同生活在一起，但是难免会在兴趣爱好、教育子女、亲友关系等方面有不同的观点，因此就会产生一些分歧和摩擦，这是很正常的事情，只要夫妻双方坐下来心平气和地说出自己的观点，各自退让一步，那么很多事情就能够迎刃而解，但是，很多夫妻却总是会在这些小事上互不相让，有些时候甚至会吵得不可开交，不欢而散。其实，问题的关键并不在于具体的事件是什么，而是在计较在这个家中谁才能够占据主导地位。很多人都认为，在这些问题上放弃控制权或者是在争论中主动妥协是一种软弱无能的表现。

其实不是这样的，在家庭争论中赢家不一定就是胜利者，而主动认输的也不见得就一定是失败者，有些时候，主动认输的反而要比坚持到最后胜利的人得到的更多。既然两个人决定彼此携手走完这一生，那么这一生这么长，暂时让他一下又能怎样呢？

试想一下，你最想要从婚姻中得到的是什么。如果是爱与被爱，关心与被关心，那么就一定要学会互相谦让与尊重，如果自己一点儿都不想付出，不舍得牺牲，那么又怎么能够得到对方的回报呢。当夫妻双方发生了争执，你的认输和妥协表明了你对对方的感情，对家庭的呵护，你的用心良苦最终是会有结果的。

夫妻之间存在差异是无法避免的，但是如果在遇到分歧的时候，身为妻子的你能够站在丈夫的立场上，设身处地地为他考虑一下，充分尊重彼此之间的差异，不仅能够消除夫妻之间的矛盾和误解，同时还能够增进彼此的感情。

理解丈夫，站在丈夫的立场上去思考，重视不同个体之间的差异，才能够避免自己因偏颇而造成误解，致使夫妻的感情出现不可调和的问题。

其实，很多时候夫妻之间的争吵都是因为一些鸡毛蒜皮的小事，所以，当你真的控制不住想要发作的时候，切记一定不要恶语伤人。任性地提出离婚、摔打东西都是不负责任的做法，只能够使原本就很僵硬的夫妻关系变得更加紧张。而且，你的爱情、对方的耐性也会在你无端的争吵和任性中消磨殆尽。所以，如果你想要保持美满的婚姻，想要获得对方真切的关爱，那么就应该先从自身做起，一定要明白夫妻之间的争执并没有孰对孰错，所以也就不存在真正的输赢，如果想要赢得对方的爱与尊重，那么就一定要懂得"输"的哲学。

女人心里话

周恩来总理在和妻子携手走过了几十年的婚姻生活后，两个人总结出了夫妻之间相处的"八互"原则。这"八互"分别是：互爱、互敬、互勉、互慰、互让、互谅、互助、互学。这"八互"原则是周恩来和邓颖超一次次谈出来的，也是他们夫妻完美生活的总结。邓颖超曾表示，"八互"中"互谅"、"互让"是最难的。

---

10. 幸福婚姻需要少一些计较

——屠格涅夫（俄国）

不会宽容别人的人，是不配受到别人宽容的。

　　据不完全统计，"80后"的离婚率已经高达50%，婚姻失败的比例甚为可观。在这些离婚人群当中，有大半都是因为感情不和而导致的分手。有人说，高离婚率的现象之所以会在"80后"的身上体现得如此明显，是因为社会环境所导致的，这样说也有一定道理，但是"80后"的离婚率居高不下的原因归根结底还是他们自身的原因。很多"80后"自幼娇生惯养，形成了自私的性格，在结婚之后，双方都想让对方能够按照自己的步伐来走，他们总是计较自己付出了多少，最终的回报又是多少，于是他们的爱情就这样慢慢被算计没了。

　　可是，"80后"中也有生活得十分幸福的夫妻，当人们去询问他们幸福生活的原因时，他们的答案几乎都惊人地相似，他们都认为，幸福的婚姻并不在乎自己得到得多，而是在于自己计较得少。

　　在生活中，人与人的差别无处不在，于是人们就会在不自觉中形成攀比心理，而盲目地攀比会让人们习惯性地将自己的贡献和所得的回报与他人进行比较，如果两者之间的比值大致相等，那么彼此就会相安无事，但是一旦有一方的所得大于另一方，那么所得少的一方的心理就会失衡，矛盾也会自然而然地产生，婚姻也是如此。

　　两个人结婚以后，应该相互扶持、互帮互助，而不是相互攀比，看谁得到得更多。对于两个真心相爱的人而言，即便自己为对方付出得再多，得到的回报再少，他们也不会有所抱怨，因为他们的付出是不以回报为初衷的，是不计任何代价和投入的。夫妻之间，即便是一方为另一方付出得再多也切记不要产生自己"有恩于对方"的心理，更不要产生"互比心态"——我为你付出多少，你就应该为我付出多少——这样的想法是错误的。既然是为爱付出，想要让对方感受到自己的爱，那么这种付出、这种爱就应该是无私的，是心甘情愿的。

每个家庭都不是孤立存在的，在每个独立的婚姻家庭之外，还会有很多的亲戚朋友，那么彼此之间的往来与走动就是必不可少的。在与亲戚朋友往来的过程中也不要计较自己的得失，即便是自己付出得再多，回报再少，也不要过于计较于此。不论你为他们做了什么，或者别人从你这里拿走了什么，你都不要有任何怨言。与他们相处得融洽了，自己的小家才能够安宁幸福，如果与他们之间的关系处理得不得当，那么你的小家也会鸡犬不宁的。既然付出了就不要再奢求回报，不过付出也不是让你盲目地去付出，而是要在付出之前考虑清楚这样做是值得还是不值得。

不计较得失，不计较回报，唯有如此才能让自己的婚姻永远都是幸福并快乐着的。

女人心里话

与你一起生活的那个人并不是完美的，他的身上也会有优点与缺点。在日常生活中，你要多看看对方的优点，多包容对方的缺点。如果你发现对方身上存在着某些缺点或者不足，可以婉言相告，切不可将对方的缺点抓住不放。在家庭这个小团体中，夫妻双方一定要多沟通，相互包容与迁就才能够走得长久。

第六章

优雅是女人最美的外衣

在生活中，每个女人都想成为一名优雅的女人，这是她们一生追求的最崇高的境界。优雅是一种自然的、有个性的、简洁的、知性的气质，是模仿不来的。优雅不同于新潮，新潮可以追逐，可以花钱去堆造。相对于新潮，优雅是一种恒久的时尚，它是人们文化素养的沉淀，是修养和知识的积累。优雅也不同于美丽，美丽只是外在的，是直白的，是人们一眼就能够看穿的，但是优雅却是一种顺应生活各种状况反映出来的内心智慧。优雅是女人最美的外衣，但是如果一个女人的内心没有优雅的话，那么就不能说她拥有真正的优雅。

1. 温柔的女子惹人爱

最是那一低头的温柔，像一朵水莲花不胜凉风的娇羞。

——徐志摩（中国）

身为女性的我们应该感到骄傲和自豪，因为我们是这个世界上最鲜活的群体，我们的温柔能够让男人变得亦柔亦雄。可以说温柔是女性特有的一种美丽，女人如花，不论你是哪种个性，哪种花香，都会经历与花一样的花期。但是柔性的力量并不代表软弱或者退却，这是属于女性特有的软实力，可是，要想拥有这种软实力必须要有一个充分的条件，那就是要先赢得尊敬。

那么，女人的温柔到底是什么？而它的表现形式又是什么样子的？这个问题就像是哈姆雷特与观众的问题，你去问1000个人，那么就会得到1000个不同的答案。

可是如今的很多女性都把软弱和退让当作温柔，我们经常会看到很多女孩在受到委屈之后用可怜兮兮的语气向他人哭诉："我应该退让到什么程度啊？我已经很温柔、很妥协了。可是他们居然还想要得寸进尺，完全没有把我放在眼里。"

其实，柔性的力量并不是一味地退让或者软弱，女性的温柔其实要建立在一个充分必要的条件之上才可以，而这个条件就是要让自己先赢得独立和尊敬。而这个尊敬可以是多种多样的，它可以是敬畏，也可以是敬仰，还可以是敬佩，总而言之，你的温柔里一定要有硬性的力量。

这个硬性的力量来自于方方面面，比如出色的工作能力，独立自信的人格特质，保养得当的容颜等，我们可以凭借这样的硬性力量来凸显自身的柔性之美，营造一个鲜明的对比，这样才能让我们的温柔更具价值，也会显得更加弥足珍贵。

女性的硬性力量和柔性力量之间的比例如果能够适当地加在一起，那么就会变成强大的聪明力量。硬性力量是女性在聪明力量中不可缺少的重要组成部分，而柔性力量，尤其是女性的温柔则是这个聪明力量的先决条件。

在如今社会中，不论是经济还是生活能力，女性们都可以做到绝对的独立，而且在某些领域甚至已经远远地超过了男性，在这样的社会背景之下，如果还让女性们学习几百年前史书中记载的那种女性的温柔显然是不切实际的，而且即便女性们心甘情愿按照古书的记载做了，估计也会让很多男性感到不安，或者认为她们故作姿态。

设想一下，如果你是一个男人，每天当你下班回到家之后，都会有一个女人温柔似水地倚在门口等待着你的归来，饭桌上也早已摆好了热腾腾的饭菜，你是什么样的感觉？很多男性都会认为这样的女人表面上看起来"柔情似水"，其实她们就像是八爪鱼一样，张开了自己所有的触角，以温柔之名将他们绑架。

你可以骂这些男人身在福中不知福，也可以骂他们不知好歹，但是当你换位思考之后，或许就会发现他们的话并非信口开河。所以，当一个男人的另一半是一个不论是生活还是思想都以自己的丈夫为中心、对自己的人生毫无规划的所谓的温柔女

人时，那么时间久了，他就会觉得你是一个不需要花心思去在意或者尊敬的女人，有时甚至会习以为常，觉得这是理所应当的，从而不会感激你的付出，更有甚者会觉得厌烦。

温柔是女人的软实力，但是当今的温柔不单单只是一味地为对方付出不求回报，也不是退让和迁就，你的温柔应当是硬性力量和柔性力量相结合的一种

新型的产物才对。

　　唯有如此，你才能够更好地保存自己的软实力，彰显自己的魅力。

　　女性应该有柔性的力量，但是不代表你就应该是一个纯然温柔似水的小女人，这不是温柔，而是顺从。所谓的女性的柔性力量应该是"外刚内柔"或者"外柔内刚"的聪明的力量，只有刚柔并济，用兵于谈笑之间的才是高明的温柔。

---

2. 容颜易老，气质永存

时间的掸子轻轻扫去女人脸上的红颜，但它是有教养的，还女人一件永恒的化妆品——气质。可惜的化妆品很傻，把气质随手丢掉了。

——毕淑敏（中国）

时光易逝，红颜易老，当时光无情地将女人的美貌带的时候，当化妆品再也无法遮住脸上的皱纹的时候，我们还有什么？这或许是所有女人都会思考的问题，她们最终得到的答案或许会让她们自己都感到恐慌。其实，要想让自己在年老之后依然能够迷倒众生的方法很简单，那就是要努力修炼好自己的气质。

女人的气质和优雅或许不同于精致的外表，乍看之下或许无法给人惊艳的感觉，但是只要细心品味就能够感受到它独有的魅力，它那沁人心脾的温润会让人痴迷不已。优雅的举止，大方的谈吐，是一种美，更是一种境界，它要比靓丽的容颜维持得更长久，也更能吸引他人的目光。

所谓气质就是一个人内在涵养或修养的外在体现，气质是一个人内在不自觉的外露，它不仅仅是停留在表面的。想要提升自己的气质，让自己做到气质出众，除了穿着得体、说话有分寸之外，还要不断地提高自己的知识储备、品德修养。试想，如果一个人衣着光鲜，但是却没有自己思想，胸无点墨，那么别人也很难从他身上感受到气质的存在。

女人优雅的气质究竟应该怎样来修炼呢？首先，一定要多读书。优秀的书籍是提升女人气质的关键，在选择书籍的时候我们的范围可以广一些，哲学、政治、文学之类的书籍都可以阅读，但是切记选择的书籍不要过于偏激。其次，要时刻注意自己的言谈举止，避免粗俗。再次，要拥有一个良好的心态，用心感受生活中的美好，让笑容从内心深处绽放。最后，要让自己拥有好的个性和阳光的生活方式，自由独立，对待问题有自己独到的见地。如此一来，你一定能够成为那个人见人爱的"万人迷"。

每个女人培养出来的优雅气质完全来自于她们完善的内心，优雅的气质是内心世界充实、心灵质朴的外在的最为真挚的表现，是人们自信的完美体现。而这一切的来源都是你之前所受到的教育、你的自身修养以及你对美好天性的培养与发展。

其实想要做到优雅并不难，只要对事物的分寸有着准确的拿捏，进退有度，游刃有余就可以了。比如人们脸上的笑容，只有恰到好处的笑容，才会让人感觉舒适，才是优雅的。如果笑容牵强会让人心生不满，但是如果笑得过于放肆，就会被人们评定为失态了。

女人心里话

世间一切美丽的容颜都会随着时间而消逝，对此，即便是世界上最昂贵的护肤品也无济于事。正因如此，如果想让自己不论在什么时候都能够吸引他人的目光，做人见人爱的"万人迷"，那么就一定要提高自身的魅力——良好的修养、善良的心灵、优雅的气质、智慧的头脑……这些美丽丝毫不逊色于女性的容貌，它们就像酒一样，随着时间的流逝历久弥新，变得越来越醇厚。

3. 时尚，不是金钱就能成全的

有人认为奢侈是贫穷的对立面。其实不是，奢侈是粗俗的对立面。

——可可·香奈儿（法国）

身为女人，我们时常会被身边其他女性的装扮所震撼，这并不是说她们的衣着装扮有多么奢华，而是那种由内而外地给人一种时尚的感觉，就是觉得这样的装束十分得体，不论是衣帽还是鞋子、配饰，都搭配得刚刚好，和她们的个性、身处的场合甚至与当时的季节和氛围都是相称相符的。当我们在看到这样的女人的时候，不仅会在心里暗自感叹她们的时尚。

很多人都认为，所谓时尚不就是去几个知名的购物地点，到几家时尚豪门去进行采购，用大把的金钱换回当季的新款衣服、鞋帽等。其实不然，这些美丽的衣裙、鞋帽、饰品之类的东西其实在任何地点都能够买得到，不见得一定要去买所谓的名牌才是时尚。仔细观察身边那些所谓的时尚女性，不难发现，她们在购物的时候很随性，但是又很挑剔，可是她们却很少会购买所谓的奢侈品。

当你同她们一起逛街的时候，你会发现与你和其他的女性朋友一同逛街的情形有些不同，当你和其他女性朋友一起逛街的时候，她们热衷于凑在一起相互点评，比如这件衣服穿在你身上好不好看、效果如何、应该搭配怎样的饰品，等等。可是，当你和她们一同逛街的时候却会发现，她们与你相互交换的意见尽管也很真诚，但是不免有些客套，她们的眼光里总是会对所有的东西都保留一份欣赏和赞美。

其实，当你同她们接触久了你就会发现，她们之所以会一直这么时尚，是因为她们一直都没有放弃"自我"的意识和概念，她们懂得欣赏他人的美好之处，但是也绝对不会轻易受到别人的影响，跟风和模仿则是更加不会发生的事情。

当她们行走在街上的时候，总会对他人的着装和打扮进行观察和鉴赏，她们也会在欣赏的同时暗暗评估对方的装扮与自己的契合度，并且会揣摩让自己觉得更为妥帖的打扮方式。只要她们认为合适，那么即便是穿着不知从哪里淘来的塑料雨衣搭配一双人字拖，她们也不会感觉自己失去了半点儿的妩媚和风韵。所以，她们从来不会做出花了很多的钱结果却把自己打扮得洋相百出的事情。

对女人来说，打扮自己是一件极为细致的活儿，并不是每个人都能够掌握打扮自己的方式和技巧。于是，很多女性会盲目跟风，相信只要凭借所谓的奢侈品就能够让自己变得非凡出众，通常情况下是这样的装扮确实够出众，但是却因为没有从自身的实际情况出发，而将自己的缺点都暴露出来了。反观这些穿着时尚的女人们，她们从来不迷信那些用金钱堆积出来的奢侈品，她们永远都只跟随自己的品位和感觉走，因为她们知道，时尚并非金钱能够成就的。

女人心里话

奢侈品的设计师比你更熟悉时尚、搭配、剪裁和色彩，但是你比他们都更熟悉你自己。所以，绝不要为一时的潮流和诱惑而挥金如土，不要盲目地崇信奢侈品，而是要依赖自己的个性和品位。

4. 优雅的气质离不开大方的仪态

一个女人的一举一动、一言一行时刻都能展现出她的气质，而气质对于女人而言具有十分重要的意义。得体的行为举止能够使女人变得优雅迷人，即便是一个长相平平的女孩，如果她的行为得体，举止优雅，那么在别人的眼中她就是美的，自然就会给人们留下深刻的印象。

气质与修养并不是名人的专利，也并不是专属于漂亮女生的，它是属于每一个人的。而且，气质与修养是无法靠金钱和权势来得到的。不论你从事什么工作，也不论你处在哪个年龄段，你都可以拥有属于你自己的独特的气质。

大方得体的举止，优雅的气质是一个人内在的一种呈现，也是一个人自信的象征。尤其是对于女人而言，气质是一种永恒的诱惑，因为气质并不是单靠外貌就能够拥有的，它还需要全方位的修养和岁月的沉淀。

举止得体并不是要求女人在性格上做出改变，并非所有文静的女孩都是举止优雅的，也并非所有外向的女孩举止都不得体，所谓举止优雅只是要求女孩要注意自己的形象，不论是在什么时候，什么场合都要落落大方，切记不可扭捏羞怯，也不要言行粗暴。

优雅的气质是需要大方的仪态来体现出来的。一个气质优雅，举止得体的女人肯定也是一个深谙礼仪之道的女人。因为自古以来，礼仪都能够起到美化形象的作用，礼仪要求我们在与他人交往的时候要树立起良好的形象，我们的仪表举止只有合乎文明礼仪，他人才会愿意同我们交往，人与人之间的关系才会变得更加融洽。

那么，女人究竟应该怎么修炼自己的气质和举止呢？

首先，要学会充实自己。这里所指的充实自己并不是单纯地指读书、学习。确实，读书能够提升我们自身的气质，但是如果一味死读书的话，整个人就会变得像木头一样，傻傻呆呆的。除了读书之外，还可以多看一些优秀的电影、翻阅一些时尚杂志等。女性只有全方位地提高自己的修养才能够在绚丽的生活中游刃有余，才会由内而外地散发出文化气息。

其次，要了解自己。要明确自身的优势和不足，同时也要明确自己的人生目标，然后尽量扬长补短，发挥自己最大的优势，并且忽视那些无关紧要的小缺点，努力向着自己的目标前进。

最后，要培养自己高雅的情趣。高雅的情趣也是女性气质美的一种体现，不论是文学、音乐还是美术，只要你能对其有所了解并且有一定的感知力，那么你的生活就会充满迷人的色彩。

总之，举止优雅得体能够给女孩带来很多意想不到的惊喜。它不仅能够将女孩的知性之美表达得淋漓尽致，而且还能够让女孩变得更加美丽和自信。不会有人认为外表漂亮但是举止粗俗的女孩是漂亮的，而外表平平但举止优雅得体的女孩则一定会赢得所有人的喜爱，因为得体的举止才是人们眼中真正的美丽。

女人心里话

如果想要给第一次见面的人留下一个良好的印象，那么就一定要让自己在与他人初次见面的时候就表现出大方、坦诚的样子，举止一定要得体，表情和表达一定要得当。唯有如此，你才能够给对方留下深刻且良好的第一印象。

5. 永远挂一抹微笑在嘴角

微笑乃是具有多重意义的语言。

——卡尔·施皮特勒（瑞士）

微笑是开在女人脸上的花朵，它美丽、素雅，时刻散发着迷人的芬芳，能够给人带去温暖和欢乐，能够给人信心和力量。一个微笑蕴含着丰富的含义，同时也传达出动人的情感。微笑能够让人们感到亲切、安慰和愉悦，能够消除人与人之间的距离。

一个女人即便不会说话，她的魅力也能够通过微笑传递出来。微笑着的女人都是迷人的，而女人的微笑也最为动人。所以，一个女人即便不会说话，也应该经常保持微笑。

其实，微笑永远都是女人最动人的谈吐，你只是站在那里，静静地微笑，哪怕不说一句话，这画面都是美好的。任何人都不会认为板着的脸、怒气十足的脸，或者凶悍的脸会是美丽的。

微笑是彼此心灵沟通的钥匙，它能够打开人们心灵的窗户。当你心烦意乱时，他人一个鼓励的微笑或许就能够让自己走出情绪的低谷，当你与他人发生争吵时，给对方一个微笑，或许就能"化干戈为玉帛"。微笑无需你付出什么，但是得到的结果却是巨大的。得到微笑的人会因此变得富足，而付出微笑的人也不会因此而变得贫穷，不论是贫穷者还是富足者，人们都离不开微笑，更少不了微笑，微笑能够让贫穷者变得富有，能够让富有者变得幸福满足。尽管微笑只是短短的一个瞬间，但是它却能够给人们留下永久的回忆。

英国《每日电讯报》曾经刊登过这样一则新闻，根据一项最新的研究发现，微笑或许能够使人长寿。人们在微笑的时候，嘴角咧开的弧度越大，眼角周围聚集的皱纹就会越多，那么他可能就会越长寿。这项研究的结果显示，那些微笑时几乎面无表情的人平均寿命在72.9岁左右；微笑程度居中的人平均寿命能够达到75岁左右；而笑容灿烂的人平均寿命则达到了79.9岁。此外，研究还发现，强颜欢笑是达不到这样的效果的，只有那些真正从心底生出笑意、真正从内心感觉到快乐的人才有机会延长寿命。

所以，当你在面对所有让你不知所措的情景时，就笑吧。笑容能够缓解所有问题带来的尴尬，笑容能够抚平人们心中的怒火，笑容能够让人们健康富足。

对于那些即将踏上人生旅途的女孩来说，微笑就是她去任何地方的通行证。在人生的道路上，只要有微笑相伴，那么肯定会一路无阻。这一路上，女人美丽的容颜会老去，但是微笑却不会受到岁月的侵蚀，女人的每一次微笑都会有新的感觉，而这种感觉能够准确地传给他人，并且印在他们的心中。即便是我们的身体衰老了，我们的微笑依然是青春的色彩。

女人心里话　　微笑是一门艺术。人们在微笑的时候一定要笑得得体且适度、笑得大方自然、笑得真诚优美、笑得甜蜜纯真。女孩只要学会用微笑去面对每一个人，会不会说话又有什么关系呢，反正你一定会成为最受欢迎的人。

---

6. 自信是女人最好的化妆品

——爱默生（美国）

自信是成功的第一秘诀。

著名的作家莎士比亚曾说："自信是成功的第一步。"在日常生活中，如果一个人不相信自己会把事情做好，又何谈成功呢？一个人只有心中有自信，在做事的时候才会有底气。所以，女孩们在做任何事情之前，如果你能够充分地肯定自我，就等于成功了一半。

自信是一个人发自内心的自我认同，而且自我认同感强的人能够得到他人的良好回应。你怎样看待自己，他人就会怎样看待你，你相信自己是美丽的，那么被人看到的你就是美丽的，你相信自己能够成功，那么你就一定能够做到想要做成的事情。

生活中每个女孩肯定都遭遇过这样的经历，在很重要的场合因为紧张而变得词不达意，或者在考试的时候因为紧张而忘记了早已烂熟于心的单词。其实，这些都不必紧张，当你充满自信地去做这些事情的时候，你就会发现自己的心情没有想像的那么紧张，而且心情还会变得十分舒畅，即便是临场发挥也能够取得不错的反响，这就是自信的魔力。很多时候不是因为这件事情做起来很困难才让我们失去了信心，而是因为我们没有了信心才觉得这件事情难做。

一个有自信的女孩，她的言谈举止间会自然流露出超乎常人的坚定、果敢和骄傲。自信心越是充足的女孩，适应社会的能力就越强，可以说，女孩拥有了自信心就拥有了竞争优势，拥有了上进的动力，她就会因此而变得越发成功。

自卑与自信是一根藤蔓上两朵并生并开的花朵，自卑有多毒，那么自信就有多美。生活有无数种可能，生活中也存在着无数的奇迹，只有我们拥有自信，一直坚持下去，才会拥有希望。而希望之美，唯有用信心浇灌，方能显现其美。

自信是自身潜能的放大镜，所以那些乐观自信的女孩总是能够不断地从以往的人生经历中找到自己的价值和前进的动力，设法让自己身体里的潜能超水平地发挥和释放出来。自信可以让女孩变得更坚强，也更有勇气去面对生活中的艰难和困苦，在遇到挫折的时候能够坦然面对。自信能够让人们拥有克服一切的勇气，并且在这一过程中不断地完善自己，极力让自己趋于完美。

女孩只有对自己的存在和价值持有肯定态度，拥有敢于冲破一切的勇气，才能够自然地向他人展示自己的美丽。自信是这个世界上最为珍贵的一种美丽，即便是长相最为丑陋的女孩，只要她能够勇敢地抬起头，自信地面对一切，就能够赢得他人的认可，就一定能够获得成功。世界上没有丑女孩，只有自信与不自信的女孩。女孩越自信，她们就越迷人，也就会显得越发的美丽，自信能够让女孩更加自然地表达自我，能够让她们看到自己的闪光之处，多增加一分自信，你离成功的距离就会进一分。

在成长的道路上，很多女孩都会产生出自卑的心理，她们会否定自身的能力，顾及自己的外在形象。女孩一旦产生自卑心理就会觉得自己处处不如他人，会否定自己的全部。同时经常会把类似"我不行"、"我没希望"等一些消极的话语挂在嘴上。自卑是导致人们失败的主要原因，所以，如果想要取得成功的话，就一定要抛开自卑，让自己变得自信起来，要知道，自信是成功的第一要诀。

7. 用热情提升你的魅力指数

热情是尤其假装不来的；对于任何一种热情，每个人都有他自己的流畅的语言，只能由自然所启发。

——莱辛（德国）

热情是人们在人际关系中最大的增值点。其实，热情是一种做人的态度，也是人们对待生活的一种态度。热情可以是天生的，也可以是后天培养的，之所以这样说是因为我们都是社会人，自从我们出生的那一刻开始我们就与这个社会有着千丝万缕的联系，所以我们都能够从后天的学习中学会热情。

很多人都认为，热情的女人都会有热烈的情感表达，其实不然。所谓热情并不是刻意的做作，如果你能够让他人感受到快乐和温暖，那么你就是一个热情的人。不过，一个热情的人应该具备一个良好的身心状态，这是最基本的。热情不见得一定要是惊天动地的，它也可以慢慢融入到生活中的每一个方面，然后我们再将这种热情从日常生活中的各个方面发散出去，这种通过"气"的感染，并不是局限于某个特殊的固定行动。

社会心理学家阿让森和他的伙伴林顿做过这样一个实验。他们选择了一位名叫大卫的人作为研究对象，但是同时又将自己的两名助手托尼和汤姆安排进实验当中，让被实验者认为这两名助手也是参加实验的人。

实验开始后，阿让森让这三个人共同完成一项工作，做完之后三个人一起去休息，在休息的时候两名助手在大卫背后谈论起他，并且有意让他听到。托尼用热情的声音赞扬大卫，而汤姆则用否定的态度去评价大卫。在休息结束后，他们开始了第二轮合作，在这次合作结束之后，阿让森让大卫评价一下自己的两个合作伙伴，并且要表示自己对他们的喜欢程度。

后来，大卫给出的答案并不令人感到吃惊他很明确地表示自己更喜欢托尼，因为托尼曾经表示过喜欢自己，而他不喜欢汤姆，因为汤姆一直都对自己持否定态度。

后来，阿让森的这项实验在人际交往心理学上被称为"人际吸引的相互性原则"，这一原则最显著的表现形式就是"我们只喜欢那些喜欢我们的人"。所以，当我们在同他人交往的时候，不妨对待他人热情一点儿，这样一来能够增加自身的魅力，得到他人的喜爱。而当朋友在遇到困难的时候，你也可以伸出援助之手，热情地帮助对方化解困难，这也是友情的可贵之处。

俗语有云："将欲取之，必先予之。"所以，如果你想要得到他人的热情对待，那么就一定要先学会热情地对待身边的每个人。当你用热情与他人交往的时候，他人能够真切地感受到你发自内心的热情，唯有如此，对方才会以同样的热情来回应你的热情，来关心你的事情。当你发自内心地对他人表示关心，向对方展示出自己的热情的时候，自身的魅力值也会在不知不觉中得到提升。

只有你对他人付出了热情，你才能够收获到同样的热情；只有真挚的友情才能够换来同样真挚的友情。当你在与朋友热情地交往和真挚地沟通中，你发自内心的热情会让你拥有与众不同的气质，提升你的魅力值。

8. 你的服饰就是你的品牌

——莎士比亚（英国）

千万不要华丽而低俗，因为从衣服往往可以看出一个人。

所谓"影响力"其实就是一种不经意的吸引力，影响力是每个女人都梦寐以求的，它比优雅多了一份气度，少了一份刻意的修饰，它是在你的举手投足之间不经意流露出来的。对于有些人来说，影响力是与生俱来的，而对于那些影响力稍弱的人来讲，服饰能够帮助他们凸显出他们的影响力。

没错，穿着会影响他人对你的服从度，也会影响到你的影响力。可悲的是有很多女性至今也搞不清楚衣着对于自身影响力的影响，她们误把性感当成成功的打扮；她们误入流行的穿着圈套；甚至有很多女性把男性化的穿着打扮当成有影响力的穿着，这些都是片面甚至是错误的。

很多女性想要迅速练就自己在衣着上的影响力，可殊不知影响力不是一天两天就能练就成的，她们大量借鉴他人的穿衣风格，但最终却丢了自己的风格。

还有很多的女性从潜意识里认为依靠衣着来制造自身的影响力是根本不可能的事情，她们妄自菲薄，认为自己没有世界超模的好身材，没有成功女性的优雅，不论自己穿什么都是地摊货的感觉，其实，这是落后的着装概念。要知道，影响力这个东西无法通过金钱完全塑造起来。

世界上没有无法通过穿着塑造影响力的女人，只有不懂得如何把自己打扮得得体的女人。只要能够将自己打扮得得体，任谁都能够成为经典的女人。

大家肯定都听过"人靠衣装"和"穿出成功"这两句俗语，不要以为这是没有根据的，事实上，已经有机构对这两句俗语进行过验证了。

1955年，莱夫科维茨、布莱克的一项实验中，他们要求一名实验者穿着不同的服装在城市中多次违反交通规则，在红灯的情况下横穿马路。实验发现，当他穿着西装横穿马路时，跟在他身后横穿马路的人数要比他穿衬衫长裤时多了3.5倍。这就表明，西装就是一种影响力。

1974年，贝克曼进行了另一项试验，他让第一名实验者在街上拦住一个人，然后指着身后50米以外的另一名实验者，说："你看见那边那个家伙了吗？他停车超时了，但是身上没有零钱，你能给他一美分吗？"说完，这名实验者就离开了。后来结果表明，当第一名实验者身着制服的时候，那么有80%的人都会遵照他所说的去做；而当他身着休闲服装时，只有不到50%的人会遵照他所说的去做。

由此可见，衣着确实能够帮助我们塑造自身的影响力，而穿着的风格则要根据自己的风格来定，切不可东施效颦，最终连自己的风格都丢掉了。

不同颜色的衣服会给他人不同的感受。如果你身着红色，那么这会增加男性对女性的吸引力，这是因为红色具有十分独特的效果，此外，穿着年轻也会让人们变得更健康。

9. 要高贵，但不可孤傲

美丽的女人总是会令男人陶醉，而气质优雅的女人则会让男人深陷其中，无法自拔。可是不论女人如何美丽，也无法同岁月相抗衡，女人的青春和美貌的魅力是无法永存的。而丰富的阅历和内涵赋予女人的魅力和气质才是无与伦比的，是岁月无法消磨掉的，它会随着时间的累积而变得日益深厚。女人的美貌只是一时，而女人的高雅气质却能够让她美丽一世。

女人要高贵，但是切记不可孤傲。女人要时刻展示出自己的高贵气质，因为女人只有在这时才是最美的。所谓女人的高贵气质并不是说她一定要出身豪门或者其社会地位有多么的显赫，这里的高贵更倾向于女性的心态。所谓高贵，不是指自己高高在上，把对方踩到泥土里。当高贵的女人遇到真正喜爱的人时，并不会依靠把对方的能力和成就贬低来彰显自己的高贵，而是会处处维护对方的尊严，时时给予他支持和鼓励。

气质高贵的女人，精神一定是高于物质的，她们不会贪求物质，不会为了蝇头小利就出卖自己的灵魂。其实，物质是最容易满足的东西，凡是用金钱可以买得到的东西都是不足为奇的。

气质高贵的女人往往会给男人生活的信心和勇气，因为她们的生命里存在着一种能够净化男人的心灵，激发男人斗志的人格魅力。现代的女性如果想要做到不媚俗、不盲从、不虚华，那么肯定少不了这种高贵气质的烘托。

高贵的气质如同火焰一样，让天下所有的女人都变成了奋不顾身扑向烈火的飞蛾。其实高贵是一种很难形容的境界。高贵并不是每个女人摆在梳妆台前的形状各异的瓶瓶罐罐，也不是各种各样的养生保健品，这些东西都只能帮你留住美丽的容颜，但并不是高贵。高贵与美丽是有着本质的差异的，漂亮使人看着赏心悦目，而高贵却是令人怦然心动的感觉，如果说漂亮是一种外在的美丽，那么高贵就是一种无形之中由内而外散发出来的气质。所以，高贵是需要长时间的积累和培养得来的。所谓，相由心生，女人的容颜和气质最终是要靠她们的高贵的内心去滋养的。

俗话说，女人30岁之前的容貌是天生的，而30岁之后的容貌就是靠后天培养的了，你所有的经历和阅历都会毫无保留地刻画在你的脸上，时间越久，累积的就会越多，这样的累积不是消耗，更不是透支，而是储存，储存我们高贵的心灵和气质。

所以，高贵的气质才是女人的魅力所在，女人必须要高贵，但是切记不可孤傲。让我们做一个拥有高贵气质的女人，这是做女人的资本，也是应该具有的魅力。

女人心里话　　女人要高贵，并不是说所穿的衣物要多么昂贵，也不是说每餐都是珍馐，女人的高贵体现在灵魂上。高贵的女人的心性像荷花一样清幽，她们不论做什么事情都只是对事不对人，她们不会屈尊，也不会放弃自己心中的坚持和道德底线。

10. 会做菜的女人很美丽

妻子的饭做得不好并不可怕，可怕的是她非要你全部吃下去。

——彼德（法国）

身为女人一定要学会两件事情：一是打扮，二是做菜。会打扮可以让你紧紧吸引住对方的目光，而会做菜则能够让你抓住对方的胃。女性的至美之处都体现在她身上母性的一面，而在厨房中为家人做一顿美味丰盛的菜肴，是女人们母性最真切的体现。

其实女人的美丽并不是表现在你有多少华美的衣服，也不是你的妆容画得有多么精致，女人真正的美丽其实是体现在厨房里的，厨房是最能散发出家的味道的地方，这里最需要女人的柔情和耐心。一个女人在厨房中开心地忙碌着，为家人烧制美味可口的饭菜时是她们最有女人味的时刻。所以，学会做一些家常菜和精致的点心是成为一个优秀女人所必备的条件。

我国自古以来就有"男主外女主内"的说法，不会赚钱无法养家的男人不能被称为好男人，而不会做菜无法打点好家务的女人也不能被称为好女人。尽管时代已经变了，女性在婚后可以继续自己的事业，做菜也不应该再成为女人们的专利，但是随着几千年来传统观念的传承，仍然有很多女性在工作的同时还要打点好家里的一切。

即便是在当今社会，男人的骨子里还是希望女人是会做菜的，"上得厅堂，下得厨房"是男人们心目中好妻子必须要做到的，不论时代怎样变迁，男人心目中好妻子的形象永远不会变。而女人在骨子里就应该是温柔娴淑的，不论是为人妻还是为人母，这份温柔都体现在女人的身上。系上漂亮的围裙，绾起飘逸的青丝，走进厨房，在锅碗瓢盆中如魔术师般打点出曼妙的美味，与爱人一起分享，这又何尝不是女人的另一种美丽呢?

　　如果一个女人不会做饭，那么在结婚之后家庭的幸福指数就会变低，因为男人的骨子里还是希望妻子能够将自己的饮食起居打理得井井有条。如果你能够做得一手好菜，那么你的丈夫肯定会把它当作一种骄傲和自豪，每当和朋友在一起的时候，他肯定会不停地炫耀。

　　其实，不仅仅是中国的男人看重妻子的厨艺，最近一项调查显示，在德国，男性们在选择伴侣的时候首先要看的就是对方是否擅长厨艺。被称为铁娘子的前英国首相撒切尔夫人，每天都会早早起床，如果当天的公务并不繁忙，那么她就会亲自下厨为家人准备好可口的早餐。

　　会做饭而且会做出一桌可口饭菜的女人，通常都不是一般的女人，她们往往是柔情与智慧并存的女子，在婚后即便是她们的婚姻出现了一些不和谐的因素，她们也能够通过那桌可口的饭菜为自己的家庭筑起一道密不透风的保护墙，以此来捍卫自己的权利。

女人心里话

　　现在很多的年轻女孩总会说:"我不会做饭。"言语间透着股得意和骄傲。可殊不知，女人不会做菜其实不是一件值得骄傲的事情。做饭能够体现出女性的内在素质，即便不是为了取悦男性，也不是为了将来的家庭，但是也总要在适当的时候为自己做一顿美味犒劳一下如此辛苦的自己吧。

第七章

人生就是一场又一场的抉择

人生就是一场又一场的抉择，这些抉择就像是错综复杂的铁轨，我们一旦做出决定，就选择了一种人生，一种可能。女人一生中最大的抉择莫过于家庭和事业的选择，很多女性会在这个问题上面纠结、挣扎，迟迟无法做出决定。我们之所以会因为抉择感到痛苦，是因为我们知道人生只有一次机会，一旦走错就会含恨终生。可是，如果你不去选择，那么你永远也不知道在你面前的这条路会带你到什么地方。

1. 追求梦想，永远不会太迟

世界上最快乐的事，莫过于为梦想而奋斗。

——苏格拉底（希腊）

对于大多数女性来说，梦想是一个遥不可及的事情，因为终有一天女人是要嫁人的，相夫教子让大多数女人没时间，也没有精力再去追逐自己的梦想，每每想起自己过去的梦想，女人只能自嘲地一笑或化成一声叹息。当自己的孩子长大，可以在学校寄宿，能够打理自己的基本生活之后，女人重新拥有了属于自己的时间，但似乎已经没有再追求理想的想法了，因为她们觉得自己已经身为人母，不再适合追求"梦想"这种属于年轻人的东西了。这种想法是错误的，因为没有任何一个理由可以证明女人到了这个年龄段就不能追求梦想了。

对于因为相夫教子而没有追求梦想的女人，人们都抱着理解的态度去对待，但是对于一些仍然年轻，尚未结婚的女人来说，梦想应该是她们可以追求的东西，但是她们以各种理由为自己辩护：自己不需要梦想，等嫁人就好了；工作实在是太忙了，哪有时间去追求梦想；梦想又不能当饭吃，追求干吗？还有更多的女人是这样认为的："我想追求自己的梦想，但是没有时间，没有精力，而且现在去追求梦想，是不是太晚了一点儿？"很显然，面对这些借口，人们不能说她们完全错误，因为，每个人都有自己的生活方式，只是生命之中没有梦想，总是让人感觉生命略显单薄。对于因为忙碌而无法追求梦想的女人，人们大多数时间只能叹息，生活让太多的人放弃了梦想。但是，不论人们是否认同她们的理由，但那些理由都不应该是女人放弃梦想的借口。

追求梦想永远都不晚，当一个女人去追求梦想的时候，她会感到无比的快乐，她能够感觉到自己逝去的青春正在自己的身体之中复苏，生命仿佛重新焕发出了生机。当女人们因为相夫教子，因为工作和生活而将自己的梦想丢下许久，重新回想的时候，不应就此放弃，而应该试着重新去追寻自己的梦想，因为这也是女人生命之中应该追寻的最高价值之一。女人的生命价值不应该被束缚在家庭之中，而应该有自己的追求，这"追求"就是自己的"梦想"。梦想能够为女人的人生重新灌注生机，为女人增添别样的美丽。

正如苏格拉底所说的那样："追求梦想，是世界上最快乐的事情。"女人应该追求自己的梦想，因为不论何时追求梦想都不会晚，梦想也不会因为年龄的变化而褪色，不会因为环境的变化而贬值，只要勇于追求自己的梦想，女人就会散发出更加迷人的光辉。

女人心里话

大自然选择了女人来养育后代，让女人能够成为世界上最伟大的女性——"母亲"，但并没有让女人放弃追求梦想的权利，更没有让女人失去追求梦想的能力。所以，每一个女人都应该去追求自己的梦想，即使需要非常漫长的时间也不应该轻易放弃。当一个女人用自己琐碎的时间慢慢地向自己的梦想靠近的时候，她将发现自己已经将自己的美丽提升到了灵魂的高度了，这是一种由内而外的别样美丽。追求梦想，永远也不会太迟。

---

2. 无悔的选择就是最好的选择

我们无时无刻不面临着选择，而对女人来讲，事业与家庭是人生中最重要的一个选择，站在这个分岔路口，女人们一定要慎重考虑，选择自己认为对的那一个，这样才能够对得起我们的人生。

苏格拉底的学生问他"究竟什么是人生"，他把学生们带到一片苹果树林，要求大家围绕果园走一圈，每人挑选一只自己认为最大最好的苹果，可是不许走回头路，只有一次选择的机会。学生们全程都在认真细致地挑选自己认为最好的苹果，而此时苏格拉底已经在果园的尽头等候他们了。他问学生："你们挑到那个最大的果子了吗？"大家彼此张望，都没有回答。苏格拉底见状，又问："怎么？难道你们没有发现那个让自己最满意的？"一个学生说："老师，让我们再选择一次吧，我刚走进果林时，就发现了一个很大很好的苹果，但我还想前方或许会有更大更好的。当我走到果林尽头时，才发现第一次看到的那个就是最大最好的。"另一个接着说："我和他恰好相反。我走进果林不久，就摘下一个我认为最大最好的果子，可是，后来我又发现了更多更好的。"这时所有学生都异口同声地请求："老师，就让我们再选择一次吧！"苏格拉底笑了笑，语重心长地说："孩子们，这就是人生——人生就是一次无法重复的选择。"

人生就是这样，无时无刻不在做选择题，有时候我们就像是站在十字路口一样迷茫得不知该向哪边走，然而正是曾经不断的选择才成就了今天的自己。当然在这过程中难免会存在不同程度的遗憾，很多事情后来才明白，可谁也没有让时光倒流的能力。在人生这条道路上，每个人买的都是单程票，当结果已经产生，我们无法控制，也无力补救。一个人再有本事，也没法跟事实抗衡，接受既定事实，是必须要承担的，不接受事实，那就是自己折腾自己。错过太阳，你哭，那就接着连月亮也错过。谨记，现在是未来回不去的曾经，不要总在过去的回忆里缠绵，昨天的太阳晒不干今天的衣裳。坚信活在当下，明天会更好！

那怎样才能做出正确的选择呢？人生如棋，想走好人生这条路，就要重视每一步，步步为营，正所谓"一着不慎满盘皆输"，所以，凡事在结果产生之前，能够先进行预测，并持以理性的态度考虑问题和处理问题，才可以最大程度地避免遗憾的发生。把一件事情做好，这需要恒心和毅力，滴水可以穿石，铁杵也可以磨成针。无可否认，在人的一生中，努力非常重要，但人生的结果，不取决于努力程度的大小，取决于正确的选择。在你低着头匆匆赶路的时候，记得抬头看看路，是否通向你要去的方向。

人生，只有一种选，就是遵循自己内心最深处的声音；人生，只有一条路，那就是通往真实自我的路；人生，只有一种精彩，那就是用你自己的选择度过了真实的一生。这一生为自己而活，让自己快乐！记住命运这扇大门的钥匙，在你自己的手中。

3. 成功需要成长，这张门票就是挫折

成功之花，人们往往惊羡它现时的明艳，然而当初，它的芽儿却浸透了奋斗的泪泉，洒满了牺牲的血雨。

——冰心（中国）

世界上存在着各种各样的天才，但是，如果人们对比世界上各行各业的最高成就者们，就会发现，站在巅峰的这一群人并不都是天才，有很多人在幼年的时候都有着傻瓜笨蛋的称号，是什么使得这些他人眼中的傻瓜笨蛋能够站在巅峰之上的呢？回首这些人的人生经历人们会发现他们的一生之中经历了无数的挫折和失败，有人的遭遇可以说得上是一部苦难史，遭遇如此多的苦难和挫折的巅峰者，最终能够站在巅峰的原因就在于他们生命之中所遭受的这些苦难，是这些苦难成就了他们，在这些苦难与挫折之中，他们不断地汲取养分，不断地成长。而女人，想要成功同样会遭受各种挫折，同样需要付出巨大的努力，但是，只要能够在挫折之中站立起来，从中吸取养分，挫折会让女人慢慢地成长起来，最终达到成功。

在这个女权崛起的时代，女人的地位大大提升了，在某些方面已经基本和男人持平，甚至还要超出。但是，有很多的方面女人依旧受到歧视，一些工作仍然排斥女性，女人想要成功需要付出的东西要比男人多得多！女人并不是天生的弱者，在挫折面前同样有着再爬起来的勇气，同样能够在挫折之中吸取教训，促进自我成长的能力。不论是在生活之中还是在工作之中，失败的挫折总是围绕在人们的周围，在很多人的眼中女人是弱者，因为面对困难的时候，女人多数会选择放弃，或者躲到男人的怀抱之中，但实际上并非如此，女人同样可以很坚强、很勇敢、很成功。古往今来女人成功的例子并不少见，花木兰、

梁红玉、秋瑾、居里夫人、海伦·凯勒等就是战胜了挫折与磨难而站上了巅峰的成功女性代表。

"失败是成功之母",这是一句被无数人用来劝解失败者的话,但是人们往往听过就不再去细想里面包含的深意。在失败和挫折的面前,女人们需要汲取挫折中的养分,让自己成长起来,不断地进步,最终将到达成功。当挫折来临的时候,女人需要付出数倍于"顺利"时的精力去了解"失败"的原因所在,因为总结"顺利"的原因能够让女人在自己的当前的道路上更加轻松自在,而总结"失败"的原因不仅能让人们在顺利的时候更加进退自如,也能够让女人们在自己的挫折来临的时候更加轻松自如地应对。

没有谁能够注定成功,每一次的成功都会经历挫折和失败,并且,所追求的成功愈加远大,所遭遇到的挫折也愈发强大。因而,作为一名有追求的女人,在追求成功的道路上需要勇于面对各种挫折和磨难,而且还要在挫折之中总结经验教训,吸取失败的经验,让自己不断成长,这样才能在成功的道路上走得更远。

每一次失败,都意味着到达成功的错误路线已经减少了一条,每一次挫折都意味着自己能够吸取教训,下次将走得更远。女人,成功需要从挫折中成长,经历挫折之后,必将赢得成功。

4. 理清我们对钱的真正需求

金钱是好奴仆，坏主人。
——小仲马（法国）

《论语》中有这样一段话："富与贵，是人之所欲也，不以其道得之，不处也；贫与贱，是人之所恶也，不以其道得之，不去也。君子去仁，恶乎成名？君子无终食之间违仁，造次必于是，颠沛必于是。"其所讲的意思就是君子爱财，取之有道。人们都知道金钱是好东西，它能带给我们美好的生活。但同时，金钱也需要通过恰当的方式去获得，否则只会让自己寝食难安。

天下熙熙，皆为利来；天下攘攘，皆为利往。芸芸众生，任谁都无法免俗。当金钱与权力结合在一起的时候，它所产生的杀伤力是巨大的，而两者的辩证关系则一直是一个古老的命题。确实，金钱是我们的养命之源，为了生存和生计我们谁也离不开它，即便是君子也需要果腹。都说君子爱财，当取之有道。其实，不论是君子也好，小人也罢，爱不爱财已经不是当今社会的主要问题，而其中的关键则在于是否能够取之有"道"。

其中所讲的"道"是指获得钱财的方法，而这种方法也一定要是正确的。人们通过劳动，从自然界中获得资源而换取钱财是一种正确的赚钱方式，通过加工自然资源再换取钱财，也被视为合法的劳动收入，我们通过工作，不断地创造社会价值并以此获得回报，也是一种正确的方式。但是，现在很多人选择了正确的方法，努力拼搏，但是却收效甚微，有些甚至没有发财反而破财，于是很多人就开始逐渐偏离这个"道"，转而是去寻找一种捷径，有些更是为了赚钱而不择手段。

那些通过不正当的手段获得利益的人，尽管他们拥有了他人梦寐以求的财富，过上他人艳羡的生活，但是在每个夜不能寐的夜里，只要是良知尚未泯灭的人都会感到不安，可是对金钱的渴求却一直不停地驱使着他们远离"正道"，踏上一条不归路。

金钱本没有什么崇高与罪恶，也就没有所谓的是非。可是，自从有了金钱，人类在金钱面前就分出了崇高与罪恶，而金钱也就成为了人类批判自己或他人是与非的标杆。于是，在金钱面前，就有了君子与小人的区分。

但凡被列为小人的，大都是因为他们为了金钱可以不择手段。小人取钱之"道"是有害之道，是损人利己的行为，不论是从主观还是客观上来讲，他们都把自己放在了首位。而君子取钱之"道"，则是以不损害他人的利益为基础的，即便他们主观上是在为自己考虑，但是客观上却是有利他人的。

在当今这个物欲横流的社会中，大家都爱财，至于怎样获得财富关键还是要看你对待金钱的态度，如果你不想因为贪财而寝食难安，那就向"君子"们请教一下赚钱的经验吧。

人生在世不能受到金钱的摆布，成为金钱的奴隶，做贪欲的傀儡。否则只能让自己在欲念的深渊里越陷越深，难以自拔。金钱虽好，但是取之有道。

5. 取舍有道，做一个会思考的女人

> 凡善于思考的人，一定是能根据其思考而追求可以通过行动取得最有益于人类东西的人。
>
> ——亚里士多德（希腊）

选择是人生中最重要的一个课题。生活中，有的选择对我们的人生没有影响，而有的选择则事关重大。那么，当遇到重大选择时，如何取舍就变得极为关键了。取舍是每个人都会遇到的经历，有舍才有得，这是一种人生智慧。生活就是这样，它在给予的同时，也让人必须做出放弃。懂得取舍的人，才能书写出属于自己的精彩人生。

人的一生，可以说是在选择中度过的，昨天的选择，成就了今天的你，而今天的选择，则会影响明天的我们。无论什么样的生活，都是自己选择出来的。对的选择让人成功，而错误的选择会让人与成功渐行渐远。没有人生来就注定会成功，人们出生时都是一张白纸，这张白纸日后如何描绘，则取决于你自己的选择。

候车室里，有两个要外出打工的乡下人坐在了一起。他们一个准备去A市，另一个要去B市。但是，当听到候车室里邻座对B市人和A市人的评价后，两人都突然改变了自己的想法。

邻座人说的是："A市人很精明，就是问路都要收费，而B市人质朴，看到有人没有饭吃，不仅给馒头还送衣服。"

那个目的地本是A市的人心想，B市多好，即便自己没有工作，也不会饿死；而原本打算去B市的人则认为，在A市问路都能赚钱，可以说是遍地黄金，

自己做点儿什么都能挣钱，还是去A市吧。之后，两人便交换了车票，去了对方的目的地。

两个人到了目的地后发现候车室的人说的果然没错，都觉得换车票是一个明智之举。去B市的人觉得B市很好，自己来了一个月没有找到工作，但是一直没有饿着，很多地方都有免费的矿泉水喝，各大商场还有可以免费品尝的点心。

去了A市的人也认为A市是个好地方，只要有想法，有行动，就一定能赚钱。经过一年的努力与尝试，他最终选择开办擦洗招牌的清洁公司，并且生意越做越大，他逐渐有了将生意扩展到其他城市的想法。

当他觉得时机成熟后，便去B市考察市场。车到B市站时，一个人把头伸进软卧车厢，向他伸手要空饮料瓶，当两人四目相接时，都愣住了，因为他们都认出了对方正是那个八年前与自己交换车票的人。

八年前还没有太多差别的乡下打工人，因为一念之差变成了今天的样子。这样的生活是他们自己造就的。一个人，有什么样的选择，就有什么样的人生。选择，决定了一个人的命运。

女人心里话

选择不一定会成功，但是不选择一定不会成功。人的一生会遇到很多次失败。而千百次的失败并不可怕，可怕的是失去面对生活的勇气和信心。我们要坚信，只要勇敢面对、认真选择，自己的人生会变得精彩绝伦。所以，如果你要想做一个成功的女人，就要培养自己的取舍能力。不要轻视任何一次抉择，今天你随意取舍，那么明天生活对待你也会随意。

6. 事业与家庭并无矛盾

家庭与事业
如鱼与熊掌，却
可以兼得。
——李强（中国）

现代社会，随着观念的变化，很多女性不甘心一生都只是围着灶台与丈夫转，开始抛弃自己专职家庭主妇的身份，步入职场。正所谓，巾帼不让须眉。现如今，封建社会里男尊女卑的思想早就已经过时了，这个多元化的时代，女人和男人一样可以拥有自己的事业。但是，对于女人来说，很多人认为事业与家庭是矛盾的，就如鱼与熊掌不可兼得一样，在事业和家庭之间，女人终究要舍弃一方的。那么事实真是如此吗？

其实有个比喻可以很好地解释这个问题。这个比喻是这样的：一生中，无论是男人还是女人，都要担两桶水，这两桶水代表的就是事业和家庭。有的人认为，只担一桶水会轻松些，但是从力学角度看，这不成立。力学上认为，你拎一只水桶会特别沉，还不如拿一根扁担担两桶水，这两个水桶之间形成一个平衡，反而会比担一桶水轻松些。所以，对女性而言，家庭和事业同样重要，并且并不矛盾。只要找到家庭和事业的平衡点，女性便可同时兼顾家庭和事业了。具体来说，女性可以从以下几个方面入手，处理家庭与事业之间的关系。

第一，女性要学会示弱。忽略自己是一个女人，这是很多女强人都会犯的错误。可能在职场中若不如此，女人很难立足。但是，如果女人懂得示弱，会为自己赢得更多的帮助。在事业上，女人可以做英雄，但是为了维持家庭与事业的平衡，女人应该多倾听丈夫和孩子的心声，不要把工作中不好的情绪带回家里。

第二，要学会转换角色。女人在结婚后角色会有所转变，她同时扮演着职场女性和家庭主妇的角色。女人应该学会适时转换角色，这两种角色不应该同时存在。在工作当中，可以一切按规矩办事；但是在家庭中，女人一定要放下那些所谓的规矩，全身心地融入家庭。特别要注意多与丈夫沟通，如果有孩子，也应该注意和孩子的沟通。事业和家庭并不矛盾，只要学会转换角色就好。

最后，是要用心投入。平衡家庭和事业的关键不在于你花了多少时间，而在于你的用心程度。就拿与孩子玩耍来说，你可能一整天都与孩子在一起，但是心不在焉，那么孩子不会因此感受到你的爱；但是如果你跟孩子在一起，特别用心，即使时间不多，孩子也能感受到你的爱。

女人平衡家庭和事业的矛盾的关键不在于你做了多少，而在于你是怎样做的。这之中的平衡力，是一种境界和能力。正所谓，家和万事兴，如果你不能很好地照顾家庭的话，那么在事业上也不会有太大成就。女人只有拥有很好的平衡能力，才能实现家庭、事业双丰收。

7. 工作不是生活的全部

上学时，人们谈论最多的话题是考试；毕业后，人们谈论最多的话题是工作。高分、高学历是学生的目标，高薪、高职位是职场人的追求。每个人对于这样的状态似乎并不奇怪，并理所当然地接受着，浑浑噩噩、焦虑不安地生活着。工作可以带给我们房子、车子和票子，没有工作就难以生存，对于这一点，我们毫不怀疑，每个人都不会质疑，然而，在努力工作的同时，我们是否应该关注点儿其他的东西，尽情享受生活中的点滴美好呢？

如果一个人天真地以为把所有的精力都投注在工作中就能得到更多的回报，那么，他会失去的更多。工作的最终目的是为了更好地生活，可是如果因为工作而牺牲了生活，那工作还有什么意义呢？

工作以外，人们还应该多去关注人与人之间的交往。如果一个人不去关注身边的人，时间久了就会产生交流的困难，因为你不知道对方喜欢什么，对方想要表达什么。职场中，人脉的重要性更是昭然若揭的，人脉不仅会让一个人轻易排除前面的许多困难，几个身边的朋友，拥有共同的兴趣爱好也是非常重要的，因为交流会让你的思维更敏捷。

除了友情，亲情和爱情也是生活必不可少的元素。相信每个人都不想在工作中耗尽自己的生命，照顾家人、关心朋友、享受爱情，这些才是人们最希望得到的东西，不是吗？

有一个寓言：一个人手中拿着五个球，这五个球分别代表家庭、友情、爱情、健康和工作。家庭、友情、爱情、健康这四个球都是玻璃做的，只有代表工作的那个球是橡胶做的。那四个玻璃球，只要掉下去，便会破碎，无法弹起，而代表工作的橡皮球，会落到地上又弹起来，再落下去，再弹起来。

这则寓言告诉我们一个简单但又深刻的道理：工作失去了还可以找，一旦家庭、友情、爱情和健康失去了，便再也无法挽回。

有人会说，社会压力这么大，房价、油价和物价节节攀升，工资却不见大涨，如果再不花更多的时间来工作，如何能够生存下去呢？

正所谓以不变应万变。面对纷繁复杂的职场关系和巨大的社会压力，我们应该始终保持一颗安静的心，用最简单的方式迎接最复杂的东西。这样你会发现，其实，不一定要在市中心买房子，在远郊买房子不是也可以吗？你会发现，公交出行也非常方便，而且不会因为找不到停车位而焦急。

生命的长度是有限的，如何才能让有限的生命活出无限的精彩呢？对于工作，我们要尽力而为，但也要量力而行。也许，我们可以拿出一段时间来去旅游、去爱情、去幻想、去疯狂。

女人心里话

我们只有让自己的生活变得五彩缤纷，让自己的心情变得豁然开朗，那么，再回头去工作，就不会有那么大的压力了。因此，热爱生活，适度工作！

8. 女强人应该首先是一个好女人

> 了解持家难处的女性，较易明白治国之难处。
>
> ——撒切尔夫人（英国）

女强人，是对专注事业并获得成就的女性的一种称呼。传统观念里，普遍存在着男尊女卑，女性一般是大家闺秀过着大门不出二门不迈的隐秘生活，很少可以抛头露面地涉足政治或商业。但随着社会的发展，渐渐变得男女平等，女性接受教育，甚至为社会发展不断贡献自己的力量，于是逐渐有杰出成就的女性出现，大显巾帼不让须眉的飒爽英姿。

提起女强人，人们会习惯性地认为应该以女人的社会地位，资产多少来判断。无论是女强人也好，还是当下流行的女汉子也好，归根结底还是女人，纵使再强的女人，当家里遇上了小偷，病倒了，被人跟踪，搬重物等情况的时候，还是需要身边有个人陪伴和照顾，所以一个女强人首先应该是一个好女人，也只有把女人做好做成功之后才能做女强人。女性在生活中需要一人分饰两角，既要承担自己本来的义务，比如结婚后生子、照顾家里老人，收拾房间、洗衣、做饭，同时我们还会追求精神生活的愉悦，在社会上承担责任，甚至拥有自己的事业，两种角色集中于一身，但一天还是只有24小时，我们必须把自己的潜在能力提升到最高。当一个人同时分担两种或者两种以上的角色，并且对每种角色都能尽职尽责，就是一个强人。

那如何做一个好女人呢？前一段网上盛行的作为现代女性，想要人生圆满，就要达成这"十得"：上得了厅堂，下得了厨房，写得了代码，查得出异常，杀得了木马，翻得了围墙，开得起好车，买得起新房，斗得过二奶，打得过流氓。面对这种调侃我们只能笑而不语，其实一个好女人的首要条件应该是：善良的、宽容的、大度的、体贴的、积极向上的、善解人意的。

　　最重要的是让自己幸福，要学会爱自己，连自己都不疼爱的人，永远不要相信她会疼爱别人。然后要诚实、善良。为人处世以诚相待，不欺骗，不撒谎。以诚恳善良的心去面对所有的朋友和世间一切。做一个好女人要宽容，在夫妻之间、朋友之间甚至亲人之间相处时，难免会有些磕磕碰碰，然而吵闹不仅会影响双方的感情，还会影响正常的工作以及身心健康，这时一定要互相谅解与包容，这样才能使爱情、友情和亲情走得长久。所谓己所不欲，勿施于人，做一个好女人，要知道站在别人的角度上考虑问题，这样做会让你善解人意，也让你能够知道双赢怎么来做到！但这并不意味着处处退让，对于那些应该去追求去争取的利益和权利，坚决不能放弃。我们要用积极的心态面对生活中的一切美好或不如意。

女人
心里话

　　记住无论你取得如何显赫的成绩，回到家里，你依然是个温柔可爱的小女人，有家人的疼爱和珍惜。就这样一直做个成功、幸福的女人吧！

9. 给自己贴上优秀的标签

一个人能否成功，不在于你知道什么，而在于你认识谁。
——松下幸之助（日本）

女人如果想要获得成功，首先要给自己贴上优秀的标签，这个标签我们可以从我们身边的人身上学到，也可以让自己养成优秀的习惯。

在生活中，我们和谁在一起很重要，这甚至能够改变我们的成长轨迹，决定我们的人生成败。和什么样的人在一起，我们就会有什么样的人生。和勤奋的人在一起，你就不会懒惰；和积极的人在一起，你就不会消沉。那么，当你和优秀的人在一起的时候，你就不会平庸。

结交优秀的人，能够提高我们成功的几率；反观那些成功的人，他们身边总是有比自己优秀的朋友。

朋友就像书籍一样，好的朋友不仅是我们生活中的良伴，还是我们人生路上的老师。当我们与优秀的人在一起的时候，我们不仅会向对方学习，还能更加清楚地认识到自己的现实情况，坦然面对自己的不足，这样能够让我们的心态放平，姿态降低，在不断地改正与对比中，让自己变得优秀起来。唯有自己变得优秀，我们才能不断地让自己力争上游，才能够实现我们人生的梦想。

如果我们没有办法结交到比自己优秀的朋友，那么我们就只能依赖自己，让自己养成一种优秀的习惯，最终使自己变得优秀起来。

优秀是可以养成的吗？答案是肯定的。当一个动作、一种行为经过不断重复渐渐进入到人们的潜意识之后，就会变成习惯性的动作，而如果我们每天都要求自己做到优秀，久而久之，就会形成一种习惯。

　　一个人的成功有时并不是因为他比别人聪明、比别人有能力，而是因为他养成了优秀的习惯，具备了成功者应有的素质。如此一来，想不成功都是不可能的。

　　一个有着优秀习惯的人，事无巨细都会让自己做到最好，而想要养成优秀的习惯，就要先从身边的小事做起，把每一件小事都做到完美。

　　野田圣子曾是日本最年轻的，也是唯一一位女性内阁邮政大臣。人们都很羡慕她的运气，但是野田圣子最初只是一名清洁马桶的女工。她之所以能够一直"洗"进日本内阁，就在于她能把每件小事都做到完美，让自己养成优秀的习惯。野田圣子在清洗马桶的时候，可以面不改色地喝掉从中盛出的水。就这样，她从清洗马桶开始一步一步走向了成功。野田圣子经常这样介绍自己："最出色的厕所清洁工，最忠于职守的内阁大臣。"

　　在生活中，不论大事小事，不论自己喜欢与否，只要自己接受了这件事情，就要尽力把它做好，这就是优秀的习惯。所以，女人要多向那些优秀的人士学习，观察他们身上具备的优秀品质，模仿他们的行为，慢慢地你就会变得和他们一样优秀，此时，你就掌握了成功的钥匙。

女人心里话　　优秀是成功的前提，所以要想让自己成功，就先让自己变得优秀起来。当优秀成为你生命中如同血液一样无法分割的一部分的时候，成功就是一件自然而然的事情了。

第八章

内在不较劲，外在不抱怨

很多人随着年龄的增长，经历的世事渐多，会发现人生的问题越来越多，越来越复杂。我们会不断地跟自己较劲，抱怨生活，但是当我们熬过这一段时间之后，就会发现，其实一个人生活得随心所欲，不跟自己较劲，不对外界抱怨，才是最好的生活状态。

1. 100个抱怨不如一个改变

改变你的想法，就
会改变你的世界。
——诺曼·文生·皮尔（美国）

经过一夜狂风暴雨的摧残之后，稻田里一片狼藉，景象惨不忍睹。稻农们看到这番景象不禁怨声载道，纷纷抱怨昨夜的那场风雨。

稻农甲说："这段时间的辛苦算是白费了。"稻农乙接着说："谁说不是呢，这一下又不知道得损失多少钱！"稻农丙说："我今年用的可都是最优质的稻苗啊，这一下就全毁了。"

就在稻农们你一言我一语地抱怨着的时候，他们突然发现不远处有一个稻农在田里不知道在忙碌些什么，他们都感到很好奇，稻田都已经变成这副鬼样子了，他还在忙什么呢？这几个稻农不禁想要走上前去探个究竟，等他们走近后才发现，那个稻农正在补种庄稼。他干得十分卖力，汗水已经湿透了他的衣衫，他的表情是快乐满足的。

"庄稼全都毁了，我们的辛苦也都白费了，难道你就一点儿也不觉得沮丧，觉得生气吗？"他们问那个在补种庄稼的稻农。

他擦了一下额头上的汗，看着他们说："抱怨又有什么用呢？它只会让事情变得更糟而已。暴雨确实摧毁了我的庄稼，但是它也给我的田里带来了丰富的养料，有了它们，我敢肯定今年会大丰收。"说完就哈哈大笑起来。

这位稻农的话给了其他人很大的启发，于是他们也停止了抱怨，纷纷投入到稻田的清理和补种的工作中。由于补种及时，而且大雨给稻田带来了充足的养分，所以在收获的时候，稻农们非但没有亏损，反而比最初的预期收获得还要多。

　　的确，当事情发生的时候，如果只是一味抱怨是无法改变事实的，或许还会让事情变得更糟糕。当我们在生活中遇到不好的事情时，一定要像故事中及时补种稻子的稻农那样，抱着乐观的心态，积极地找出对策来改变这并不理想的现状，与其一味抱怨，不如积极改变。

　　态度决定选择，而选择决定人生。如果我们在面对困难的时候只是一味抱怨，那么我们面临的困难只会越来越多，在困难的重压之下我们只能乖乖缴械投降，逆来顺受，我们会失去对生活的激情，这样一来，我们的生活还有什么意义呢？

　　所以，不论生活给予我们什么样的困难，都不要抱怨，试着去改变我们看待问题的态度，那么我们就能战胜生活中的艰难。

　　社会对我们而言并不是完全公平的，但是不要因此而心生不满。因为抱怨并不能改变自己的命运，只能让自己变得更加颓废，加重自己心中的负面情绪。抱怨是无用的梦呓，它只能让我们在迷茫中错失一次又一次的机会。与其抱怨，不如一个改变来得实在，改变你的态度，即便生活给你的是无尽的痛苦，你也能够将它们踩在脚下，登上生命的巅峰。

　　经常抱怨会改变人们的思想意识和价值取向，而且还会让自己变得迷茫，对生活感到绝望。所以，不要抱怨太多，不要去羡慕他人，从自身出发，改变自己的观念，你的生活自然会发生天翻地覆的改变。

2. 会宽容才是智慧，会糊涂才能幸福

只有勇敢者才懂得怎样宽容……懦夫是绝不会宽容的，这不是他的性格。

——劳伦斯·斯特恩（英国）

宽容是一种艺术，宽容别人，不是懦弱，也不是忍让，而是一种智慧。人生苦短，而宽容能给我们的生活平添很多快乐，让我们的人生变得更有意义。宽容会让我们的胸怀变得宽广，会让我们做到"记人之长，忘人之短"，才能容尽天下难容之事。

宽容是人生的一种智慧，但是宽容并不是与生俱来的，它是随着人们的成长和进步而慢慢感悟出的人生道理。宽容是一种人生修养，在宽容的背后是爱心与坚强；糊涂才能幸福，在糊涂的背后是智慧与经验。在生活中，我们总会称赞为人厚道、待人宽容的人，讨厌那些斤斤计较，睚眦必报的人；我们会欣赏那些肯定自己、承认他人的人，厌恶那些尖酸刻薄的人。宽容的人能够理解他人的难处，站在他人的角度来考虑问题，原谅别人的过失，从而会产生强烈的凝聚力和亲和力；而那些不会宽容他人的人会忌妒别人的才华，鄙视他人的能力，讥讽他人的缺点，这会让别人对其敬而远之。

宽容是一种做人的智慧。我们每天都要与不同的人打交道，宽容大度的人能够尊重与接纳与自己观点相悖、志趣不同的人。很多时候，人们在面对非议和误解的时候，会习惯性地去争辩，但是结果却事与愿违，越辩解越糟糕，越糟糕越辩解，最后陷入恶性循环。可是，在面对非议的时候如果能够保持冷静，克制自己的情绪，站在他人的立场上思考一下，或许会找到问题的症结在哪里。大度的人能够以德报怨，以理服人，宽容能让我们与他人和平相处。

　　宽容既不是一种武器，也不是一面旗帜，更不是一番说辞，而是人类发展史中产生的一种灵光闪动的、充满生命力的、激越而又深邃的智慧。宽容是一种强大的力量，他能化害为利，化敌为友，对方能够从你的宽容中吸取到教训，意识到自身的狭隘与自私，并开始重新审视自己的行为。很多时候人，人心并不是靠力量去征服的，宽容是唯一能够感化人们心灵坚冰的方法。

　　宽容是一种生存的智慧，一个人只有拥有宽广的胸襟，容人所不能容，忍人所不能忍，处人所不能处，才能傲立于世，超然于纷繁喧杂的世俗，同时使自己的人生变得越来越丰富，越来越博大。

　　有意义的生活人生才会变得精彩，而精彩的人生才会快乐。宽容能让我们的生活变得有意义，让我们的人生变得精彩。宽容这种人生智慧，是需要我们一辈子用心去学习的。

　　一个人的价值和力量，不在于他的财产、地位和外在关系，而是在于他本身，在他自己的品格中。以宽容之德孕育人生，人生才会有价值；以宽容之情浇灌生活，生活才会有意义。

---

3. 少一个敌人，就多一个朋友

不会宽容别人的人，是不配受到别人宽容的。
——屠格涅夫（俄国）

踏入这个千奇百怪的社会，会遇见形形色色的人，有些才华出众的人会让我们禁不住去欣赏，也有一些人与我们并无多少关联，与他们相处也无需深交，但难免有些异类会让我们心生厌恶，然而我们总不能对其一直装作视而不见。那么怎么与他们和平相处就变得尤为重要。

首先，从自身的观念出发，告诉自己要有一颗包容的心，所谓"天行健，君子以自强不息。地势坤，君子以厚德载物"，又所谓"宰相肚里能撑船"。正如自己本身也并不是完美的，所以要允许别人有不符合你审美标准的行为和表现，包容一个人也是成熟的表现。正是由于不同的性格的人才构成了如此丰富多彩多样性的社会，我们很难用简单的方法去推断一件事、一个人究竟是好是坏。所以要站在一定的高度看待周围的人和事，不要太计较，把他们看成是一道别样的风景，跟自己说："原来世界上还有这样一种人，太有意思了。"

其次，从自身的行为态度出发，思想观念发生变化后紧接着要改变自身的行为态度。主动找一些共同的兴趣爱好、闲暇时间多一些沟通和探讨，相信你的主动会让他感觉到你在示好。我们还是该相信人之初性本善的，或许随着聊天的深入，你会发现，他根本不是你以前认识的那个他。之所以以前会对他有某种偏见是因为不够了解，而只是看到了某种表象，并且你将这种不喜欢的表象放大了。

最后，日常的沟通中也存在一定的技巧，我们应该把握好这个度。有的人说话属"攻击型"，很直接，话中总是带有批评与指责，这样很容易让人感觉不舒服；有的则是属于"退缩型"，宁愿委屈自己也不好意思拒绝别人的要求，这类人很容易吃力不讨好，无法在人际中达到平衡点；最理性和值得推荐的应该是"不卑不亢"型：该澄清的澄清，该拒绝的拒绝，如果遇到自己无法承受的任务，要学会勇敢地说"不"。虽然工作需要团队合作才能完成，然而，如果只有你的主管才有权分配任务，而且你自己本身工作也很多，那么你就应该学会拒绝同事的请求，告诉他你也有很多自己的工作需要完成，工作上的事情最好还是职责分明、责任到人的好。

总之要学会宽容、理智、平静地对待那些不喜欢的人，不要掺杂太多的个人负面情感在其中，在平时的交往中找到一个合适的安全的距离。不要把一些无关痛痒的事情放在心上，当进入僵持期的时候多付出一点儿，或许几个笑话、一句玩笑就能成功化解尴尬。

女人心里话

让自己静下心来，用一双发掘美的眼睛发现世界的美好，找出共同的兴趣爱好，逐渐和曾经的"敌人"化敌为友，进入同一个战壕！

4. 举手之劳，何乐不为

帮助别人得到他想要的，自己就会梦想成真。

——陈安之（中国）

当蜚声世界的美国石油大王哈默还是个不幸的逃难者的时候，一年夏天他随着一群同伴流亡到一个名叫沃尔逊的小镇上。在那儿，他认识了善良的镇长杰克逊。一天，一阵瓢泼大雨过后镇长门前花圃旁的小土路成了一片泥沼。于是，行人纷纷从花圃里穿过，花圃里的花被践踏得一片狼藉。哈默看着凋谢的花朵替镇长感到惋惜不已，就在他想劝说他人不要再从花圃里穿行的时候，却看见镇长独自一个人走了出去，等他回来时，哈默发现他肩上挑了一担煤渣。只见镇长从容地把煤渣倒在泥泞的小路上，然后又用铁锹仔细地把路面铺平整。泥泞的道路被煤渣覆盖，行人再经过镇长家门前就不必担心把鞋弄脏了，这样一来，自然也就不会再有人从花圃里穿行了，这不仅方便了来回行走的路人，也使镇长的花圃得到了保护。

后来，镇长说了一句让哈默铭记终生的话："你看，关照别人，其实就是关照自己，有什么不好？"后来辗转开始创业的哈默始终记着杰克逊的这句话，处处为别人考虑，帮助很多人渡过了难关并取得了成功，他自己则获得了最大的成功——成为美国石油大王。

俗话说："勿以善小而不为，勿以恶小而为之。"帮助了别人，别人不一定会帮助你，你可能依旧会处于困境中，但不能因为我们有困难时得不到帮助，就不去帮助别人。我们要坚信，助人是一种善举，或许我们不经意间伸出的援助之手会让别人感觉到力量，从而增加他们克服困难的信心，会让人感觉到温暖和世界的美好，重拾对美好生活的憧憬和向往。

在帮助他人的过程中，我们得到的也许不是直接的、物质上的利益回报，然而那种精神上的收获，境界的升华、心态的改善、助人的快乐却是无价之宝。这些收获虽然不那么实惠，但却会让我们长期甚至终身受益。

俗话说："人心换人心。"没有人愿意与自私自利的人做朋友，而那些宽容大度、真心实意去帮助别人的人，"人气指数"注定是节节攀升的，他们在遭遇困难的时候也必会得贵人相助而渡过难关。况且很多时候，帮助别人并不就意味着自己吃亏，甚至都不需要我们付出很多，或许只是举手之劳就方便了别人，愉悦了自己。

正如爱默生所说："人生最美丽的补偿之一，就是人们真诚地帮助别人之后，同时也帮助了自己。"记得有一首歌唱道"只要人人都献出一点爱，世界会变成美好的人间"，是啊，如果人人都多付出一点儿，我们的家园就不会有那么多的冷漠和不堪，我们也必然会生活得更加幸福和欢乐。

女人心里话

赠人玫瑰，手有余香。当他人处在困境中时，或许我们的一句话、一次扶持就能够帮助对方跨过人生中一道坎儿。在举手之间就能够帮助别人，而我们的心情也会因此而愉悦，何乐而不为？

---

5. 人生不能一事无成

奋斗这一件事是自有人类以来天天不息的。

——孙中山（中国）

人生最宝贵的莫过于时间，在短短三万多天的时间里，我们会经历人生的高潮、低谷；体会人生的成功和失败。在人生这条路上，有些人看到的是灿烂绽放的鲜花，而有些人看到的则是满目的荒凉。人生短短数十载，安逸快乐的生活就像是一场美丽、悠长的梦境。有些人心甘情愿沉溺在这个梦境中，不愿醒来；可是有些人却及早就从美梦中醒来，为实现自己的梦想而努力拼搏。人生在世，不过如此，要么享受安逸，要么努力拼搏。

生活中，很多人甘于平庸，享受眼前的安逸。有些人甘愿做一名乞丐，流浪街头；有的人贪图享乐，最终碌碌无为地度过一生；有的人甘愿投入到纸醉金迷的生活中，虚度光阴。当他们年老之后回首往事时，不禁会为自己虚度光阴感到悔恨，为自己碌碌无为感到惆怅，因为贪图安逸他们失去了体会人生百味的机会。

而有些人为了事业，为了梦想选择不断地拼搏和奋斗，尽管在漫漫奋斗的路途上他们会失去享受安逸生活的机会，可是有失必有得，而且他们得到的往往要比失去的重要百倍，因为，他们得到的使他们的人生更具意义和价值。

贪图安逸的人，先被自己打败，然后才被生活打败；努力拼搏的人，先战胜自己，然后才战胜生活。贪图安逸的人，所受的痛苦有限，前途也有限；努力拼搏的人，所受的磨难无量，前途也无量。在贪图安逸的人眼里，原来可能的事也将变成不可能；在努力拼搏的人眼里，原来不可能的事也能变成可能。安逸只能产生平庸，拼搏才能造就卓绝。从卓绝的人那里，我们不难发现努力拼搏的精神；从平庸的人那里，我们很容易找到阴郁的影子。

人生的本质就是奋斗，人们总要经过一番刻苦的奋斗才能获得成功。卡莱尔曾说："停止奋斗，生命也就停止了。"人生需要不停地奋斗。如果一个人只是贪图享乐，不懂得奋斗，那么注定成就不了什么事业，每天都如行尸走肉般地生活着，他们机械地重复着每天的生活，生命的意义和价值也在这样的安逸中被消磨殆尽。

人生在世，要不断地拼搏，只有这样生活才会充实，生命才会更具价值，奋斗永无止境。我们的光阴如此宝贵，如果我们贪图享乐，不抓紧奋斗，努力去实现梦想，拼搏出属于自己的一片天地，那么我们的人生画卷就会是一片空白，毫无活力和光彩。那些本该由自己亲手涂抹的画卷，却因自己贪图享乐，虚度年华而白白弃用了，这样的人生是多么可悲？

人生本就是不断拼搏的过程，即便失败了也没有什么好伤心的，从中总结出失败的教训，然后于失败中得到成熟，再迎接人生的下一个挑战，努力拼搏，总有一天你能够成就一番作为。

6. 世界无法改变时，改变你自己

——卡耐基（美国）

人在身处逆境时，适应环境的能力实在惊人。

这个世界上的许多事情你都无法改变，能够改变的只有你自己；当你无法改变现状的时候，能够改变的也只有你自己。你只有真正融入到周围的环境中，才能更好地生活下去。

一只成年美洲鹰的两翼自然伸展开后可达三米，体重达20公斤，由于加利福尼亚半岛上的食物充足，所以美洲鹰会长得如此庞大，它的爪子十分锋利，甚至能抓住一只小海豹飞上高空。可令人惊讶的是，这样一种驰骋在海洋上空的庞然大物，竟然生活在狭小而拥挤的岩洞里。阿·史蒂文在对美洲鹰栖身的岩洞进行考察时发现，那里布满了奇形怪状的岩石，而且岩石之间的空隙仅有0.5英尺，有的甚至更窄。那些岩石像刀片一样锋利，别说是美洲鹰体形如此庞大的鸟类，即便是普通的鸟类也难以穿越。那么，美洲鹰究竟是怎样穿越这些小洞的呢？

为了揭开谜底，生物科学家阿·史蒂文利用现代科技在岩洞中捕捉到了一只美洲鹰。阿·史蒂文将鹰围在树枝中间，然后用铁蒺藜做成了一个直径0.5英尺的小洞让它飞出来。由于美洲鹰的速度十分迅速，阿·史蒂文只能将录像放慢了来看，结果发现它在钻出小洞时，双翅紧紧地贴在肚皮上，双腿却直直地伸到了尾部，与同样伸直的头颈对称起来，就像一截细小而柔软的面粉条，它就是用这种方式轻松地穿越了蒺藜洞。在长期的岩洞生活中，它们早已练就了能够缩小自己身体的本领。

阿·史蒂文还发现，每只美洲鹰的身上都结满了大小不一的痂，那些痂也跟岩石一般坚硬。可见，美洲鹰在学习穿越岩洞时也受过很多伤，在一次又一次的疼痛中，它们终于锻炼出了这项特殊的本领。为了生存，美洲鹰只能将自己的身体缩小，以适应狭窄而恶劣的环境，不然自己将失去栖身之所，生命安全也没有保障。

千万年来，动物都在为生存与自然斗争。可是如果不想被淘汰，就只能改变自己，来适应不断变化的生存环境。就像美洲鹰一样，尽管"缩小"自己的过程会千难万险，但只有勇于"缩小"自己，才能扩大生存空间。人也是一样的，人不可能一直生活在自己喜欢的环境中，当身边的环境并非你喜欢的时候，你能改变的只有自己。

想要改变身边的环境是不可能的事情，即便有那么一丝的希望，其过程也必定是异常艰难的。可是，改变自己就容易多了。如果你一直在改变自己，努力让自己适应周遭的环境，那么终有一天，你会发现，这个世界变成了你喜欢的样子，其实并不是世界变了，而是你看待世界的心态和眼光变了。

人们时常因为追求错误的东西而感到痛苦，如果人们能够换一种方式看待世界，那么就能避免很多痛苦。我们无法将全世界都铺上地毯以利于我们行走，但是我们可以穿上鞋子。

7. 生活无法掉头，却可以转弯

易穷则变，变
则通，通则久。
——《易经》

生活的列车是一趟单行线，我们每个人手里都握有一张车票，我们时常会因为错过了沿途美丽的风景、忽略了陪伴在我们身边的人而感到懊悔。我们一个劲儿地懊恼自己的粗心，却在不知不觉中错过了此时的风景和陪在自己身边的人。尽管生活的列车径直向前，无法掉头，但是却可以转弯。

在生活中，遇事不钻牛角尖，学会变通，是我们快乐生活的保障，是我们成功的捷径。我们无法改变过去，但是可以改变现在；我们无法改变环境，但是可以改变自己。所以，不论做事还是做人都要学会变通，这是做人不累，做事成功的诀窍。

古语有云："不以规矩，不成方圆。"自古以来我们都被"规矩"的思想束缚着，规矩是必须要有的，但是如果过于循规蹈矩，就难免会变得刻板，就会让自己缺少改变的胆识和勇气。

学会变通，不钻牛角尖可以让我们在人生的路途上少走很多弯路，可以让我们更好地欣赏沿途的美丽风景。不论我们是对内进行变通，还是对外进行变通，只要不钻牛角尖，积极寻找解决问题的办法就好。

美国威克教授做过这样一个实验：他将蜜蜂和苍蝇放进同一个玻璃瓶中，并将厚厚的瓶底对着光亮处，而将瓶口对着光线较弱处。只见，蜜蜂们拼命地朝着光亮处挣扎，一下一下撞向厚厚的瓶底，可是直到它们筋疲力竭而死也没能逃出玻璃瓶。而苍蝇在一开始的时候也是拼命地往光亮的地方飞，但是在碰了几次壁之后就改变了策略，它们开始试探其他的出路，在乱窜中找到了出口，最后顺着瓶颈顺利逃生。

蜜蜂之所以会筋疲力竭而死，是因为它们过于遵守"规矩"，而让自己陷入牛角尖里，因为不懂变通，最终累死在瓶子里。而苍蝇之所以顺利逃出，是因为它们不被所谓的"规矩"束缚，懂得变通，当知道瓶底没有办法逃命的时候，它们就开始了各种尝试，最后终于逃出玻璃瓶。

所以，不论当我们处在什么样的环境中，都不要钻牛角尖，一定要学会变通，多尝试几次，尽管会碰壁，但是最后总能寻找到出路。不要被所谓的"规矩"束缚住，否则自己就会钻进牛角尖里，最终的结果会像蜜蜂一样。

在生活中我们总会太习惯于某种想法，或某个非黑即白的绝对判断上，这样一来生活就少了多种可能性，也就无法享受生活这趟旅行中诸多美妙的惊喜。生活的乐趣有时可以是主动的，无法掉头的生活列车在轰隆隆地向前行驶的时候，可以在中途转个弯。试着去探索一条之前从未走过的小径，或许你就会意外地发现一片之前从未见过的风景，收获到意外的精彩与美好。

女人心里话　　随机应变，灵活变通是一种人生的智慧，这种智慧会让人受益终生。不论遇到什么事情，都要用积极的心态去面对，多换几个角度去思考问题，肯定就会找到解决的办法。遇事不钻牛角尖，学会灵活变通，生活会因此变得更加美好。

8. 唯有割舍，才能专注；唯有放弃，才能追求

　　生活需要执着，但有时也需要放弃。唯有舍弃，我们才能够更加专注于眼前的事物，唯有放弃，我们才能勇敢追求自己的梦想。生活中的琐事耗费了生活中的很多时间，我们经常会为错误的想法而活。生活的紧张与压力时刻围绕在我们身边，时间久了我们就会感到身心俱疲。为了让自己的心灵天平保持平衡，学会舍弃是很重要的。

　　有一个年轻人一心想要做得比别人强，他想让自己成为一名大学问家，于是他严格要求自己，不断刻苦学习。很多年过去后，他的各个方面都有了长足的进步，可是距离成为大学问家还有非常遥远的距离。这个年轻人感到十分苦恼，因为好像不论自己怎么努力都依然无法实现这个梦想。于是，他向一位禅师求教。

　　禅师耐心听完年轻人的苦恼，笑道："答案不在我这里，而是在山顶。我们去山顶寻找答案吧。"说着，他递给年轻人一个袋子。年轻人接过袋子很是不解地跟在禅师身后出了房门。

　　上山的途中有很多小石头，它们晶莹剔透，煞是好看。每当看见自己喜欢的石头，禅师就会让年轻人放到袋子里背着，没过多久年轻人就支撑不住了，因为禅师喜欢的石头实在是太多了。他对禅师说："禅师，不要再捡了，不然别说背着它们到山顶了，就是走路都是问题了。"禅师听罢，莞尔一笑："也对，确实是该放下，背着这么重的石头，怎么能登山呢？"

年轻人听完禅师的话，恍然大悟。于是他舍弃了自己的执着心，不再要求自己事事要比他人强，只是专注于自己成为学问家的梦想，最后他终于成为了著名的学问家。

不论是晶莹剔透的石头也好，还是渊博的学问也罢，包括我们人生路途上种种诱惑，都会成为人生路途上的障碍。我们生活的目的不是在于拥有多么渊博的知识，也不在于拥有多少财富和名气，这些只不过是我们可以对外界炫耀的资本而已。我们生活的真正目的在于能够实现自己的人生梦想，所以不要过于执着于外界的纷扰与诱惑。

因此，我们只有懂得放弃，舍得放弃，才能让我们在有限的时间里活得更加充实，才能更加专注于自己想要的事，才能去追求自己喜欢的生活，才能体会到生活的美好和快乐。

放弃并不是一种无奈的选择，而是一种智慧的生活方式，在应该放弃的时候就勇敢地放弃，这是对自己和生活的一种善待。中国有句俗语："舍得舍得，有舍才有得。"当我们舍弃了眼前的诱惑或困扰我们的事物的时候，生活会从另一方面给我们以补偿。

学会舍弃，可以让我们在今后的人生路上走得更好。不要再执着于过多的欲望和纷扰，这样只会蒙住了自己的眼睛，让自己止步不前。

在生活中，如果我们不能再承受来自各方面的压力时，那就让自己勇敢地舍弃吧。当你选择舍弃的那一刻，那种轻松的感觉是无法用语言来形容的。

9. 你唯一能把握的，就是变成最好的自己

生活一切都未曾改变，亘古而来改变的是人心和这个轮回。

——余秋雨（中国）

当我们无法准确把握外界环境的时候，我们唯一能够把握的，就是变成最好的自己。我们的一生经常要做出一些重大的抉择，而且这种抉择往往会影响人的一生，也会影响着我们对周遭环境的态度。很多时候，我们在选定好的道路上走过一段后才发现，这条路并不适合自己，于是人们便开始后悔自己当初的选择。所以，站在人生的十字路口上，最重要的就是做出正确的选择，让自己变得越来越好。

我们无法主宰别人的命运，也无法改变周遭的环境，我们能改变的就只有自己，那么我们就好好地把握自己，在面对人生的十字路口的时候做出正确的选择，让自己变得越来越优秀。

可是，在生活中很多人都无法做到这一点。我们在特定的环境中长大成人，就会受到特定环境的影响，当我们被其影响得太多的时候，身上就会带有那个环境的烙印，因此就无法真正地认识自己，不知道自己是谁，不知道自己想要的究竟是什么，不知道在生活中有哪些事物能够代表自己，在这种情况下，改变自己，让自己变得越来越好的说法就更是无从谈起了。

要想改变这样的状态，我们首先要仔细地审视一下自己，仔细地想想自己是谁，回想一下自己平时做过的事情，哪些是出于自己的本意，而哪些又是因为外界环境而做出的迫不得已的举动。仔细思考之后，果断地将那些无法代表自己的东西清除出自己的生活。

生活中大部分女人都只是选择了一种生活方式，更准确地说是生活方式选

择了她们。但是很多时候，这种生活方式并不是她们自己喜欢或钟爱的。当我们无法改变客观存在的环境的时候，我们唯一能做的就是打破这种循环，找出自己的症结所在，把隐藏在生活背后的那个真实的自己找出来。

只有找到最真实的自己，我们在面对生活的十字路口时才不会迷茫，才能够准确迅速地做出正确的选择，这种选择会让我们变得越来越好，变得越来越优秀。

有些家长因为过度关心，而早早地为自己的孩子规划好一切，他们擅自为孩子进行了生活目标和生活环境的圈定，甚至连婚姻、家庭、朋友等都是已经被规划好的既定的模式。在我们看来，他们面对十字路口的机会比较少，他们不需费心考虑自己的生活和人生选择，很多时候，我们会十分羡慕他们。可殊不知，他们生活得并不开心。他们或许并不喜欢家人给自己选择好的道路，但是他们已经习惯了被安排好的生活，可是等到最后的时候他们总是会后悔，但是在后悔的那一刻，已经为时晚矣。因为，他们不仅没有了时间、没有了青春、没有了机会，更没有了自己。

在生活中，我们唯一能把握的就是成为更好的自己。所以每当我们在面对人生抉择的时候一定要慎之又慎，因为随着我们年龄的增长，能够选择的机会会变得越来越少，但是至少在还能选择时，我们一定要选择那条正确的道路，让自己一点一点变得美好起来。

第九章

珍爱身体，不负自己

俗话说身体是革命的本钱，我们在拼命工作，努力赚钱的时候也千万不要忽略了自己的健康。女人，即便是身边没有疼爱你的人，你也要好好地对待自己，因为一辈子这么长我们还要继续忍受生活的暴风骤雨，如果连自己都不爱自己了，别人又怎么会爱你呢？

1. 学做"睡美人"，美丽是睡出来的

睡眠啊！多么优雅，全世界都钟爱它。

——塞缪尔·泰勒·柯尔律治（英国）

在西方有这样一个传说，美丽是上帝送给女人的第一件礼物，同时也是第一件就要收回的礼物。可是当上帝看到女人因失去美丽后痛苦的表情，就心软了，于是他送给了女人另一件法宝，那就是睡眠——他让女人们通过睡眠重新找回美丽。

如今，这一传说已经有了科学依据。据《欧洲时报》报道，现代医学证明，高质量的睡眠是女性保持皮肤湿润、细腻、青春常驻的首要条件。夜晚，人体的各个器官都处于低功率运转的调节状态，而良好的睡眠可以调整并解除肌体的疲乏，同时将营养输送到皮肤，使血液充足，面色红润，肌肤光泽有弹性。在经过一夜充足的睡眠之后，人们的皮肤可以达到最佳的代谢状态。由此可见，女人的美丽是可以"睡"出来的。

法国的影坛常青藤凯瑟琳·德纳芙的美貌多年不衰，令人倾倒。当被询问养颜秘诀时，她说："睡眠是无可争议的美容疗法，我总是尽力满足我的睡眠需要。"世界名模克劳迪娅·西弗表示，有一段时间因为工作原因，她的睡眠时间减少了，很快她就发现自己的皮肤显得黯淡无光，更为恐怖的是，她的眼睛下部出现了灰色的眼圈。年近五十的巩俐依然年轻貌美，丝毫看不到岁月在她脸上留下的痕迹，当她在介绍自己的美颜体会时，说："保证充足的睡眠是十分重要的。"

我们的皮肤白天忙着帮我们阻挡外界有害物质的入侵，比如紫外线、游离基、空气污染等。到了晚上，人们的肌肤会进入到一天中最为活跃的状态，因

此此时是护肤的最好时候。医学家经过观察后发现，晚上的23点到凌晨两点是皮肤新陈代谢、自我修复的高峰时段，如果我们能在此时入睡，那么我们的肌肤所需的再生和修复的养分就能够得到充足的保障，这对于女性而言是非常重要的。

美国皮肤病学家罗伯特·A.韦斯在经过长期的研究后得出："睡眠时人体释放的生长激素可以使皮肤中的胶原蛋白和白蛋白的产生加速，皮肤细胞能够更快地复制。研究证明，睡眠方式的无规律性会使激素的浓度出现波动，这会导致突发性的痤疮和皮肤干燥。眼睛凹陷的样子暴露出睡眠不足，这是因为血液循环的变化：当身体与疲倦抗争时，血液会被有限输送到主要的器官，而不那么重要的眼眶就会凹陷，脸也会失去血色。此外，当人处于熟睡中时，面部皮肤得到有效的放松，可以减轻皱纹的产生。"

既然睡眠对美容有如此神奇的功效，那我们何不对自己好些，每天早睡一会儿，让自己在睡梦中变得越来越美丽，成为真正的"睡美人"。

女人心里话

最新研究成果表明，睡觉能够使人变苗条。导致人体发胖的主要原因是体内的生长激素（HGH）分泌不足。HGH是人体自行分泌的一种天然激素，它的分泌量会随着年龄的增长而下降，而HGH只有在夜间人们睡眠的时候才会分泌，在入睡90分钟后，分泌量会变得旺盛。

2. 像享受恋爱一样享受每一餐

如今，养生保健已经受到了越来越多人的重视，其中食疗养生更是受到了百姓的热捧。饮食确实与我们的健康有着密不可分的关系，人们通过饮食获取机体所需的营养和能量，所以，科学饮食，营养搭配合理，人的身体就会健康。

反之，偏食挑食，营养搭配不当，则会对人体造成损害。而且，我们的食物有很多都是具有药用价值的，所以日常生活中的一些小病完全可以通过饮食治愈。

可以说，科学地饮食是我们健康生活的第一要义，那么我们应该怎样做到科学饮食呢？

首先，饮食一定要规律。现代研究表明，人体的生物钟与一日三餐有着密切的关系。科学家研究发现，在早、中、晚三个时段中，人体内的消化酶特别活跃，这就表明，人在什么时候吃饭是由生物钟控制的。而且固体食物从食道到胃需要30~60秒的时间，而食物要在胃中停留四个小时才能到达小肠，因此，每餐之间间隔4~5小时是最为合理的，间隔时间过长容易引起饥饿感，影响人们的工作和学习；而间隔时间如果太短，胃里的食物还没有被排空就被填进了新的食物，消化器官得不到休息，会降低消化功能，进而影响食欲和消化。所以，一日三餐一定要有规律。

其次，保证三餐，为大脑提供充足营养。葡萄糖是大脑运转的唯一能源，人脑每天需要消耗110~145克的葡萄糖，才能维持正常的运转，而肝脏从每餐中最多只能提取50克左右的葡萄糖提供给大脑，所以只有保证三餐正常摄入，肝脏才能为大脑提供充足的能量。

再次，三餐食物的配比要合理。通常来说，三餐的主食和副食要讲究粗细搭配，而且动植物食品也应该适当摄入，最好每天能保证豆类、薯类和新鲜蔬菜的摄入，这样的搭配才算是科学营养的，三餐的摄入量也是需要科学分配的，如果按食量来分配三餐的话，早、中、晚的比例是3：4：3，但是这个可以根据每个人的不同情况来进行调整。

最后，三餐一定要吃好。早餐通常要吃一些营养价值相对较高、数量少而精的食物，因为人们经过了一夜的睡眠，前一天摄入的营养和能量已经消耗殆尽，所以只有早餐及时补充，才能为上午的学习、工作提供能量。午餐要吃饱，午餐是一天中最为重要的一顿饭，起到承上启下的作用，它既要补充上午学习、工作时消耗的能量，同时还要为下午储备能量，所以午餐一定要吃饱才行。晚餐要吃少，因为，根据人体的生物钟运行显示，在晚上九点之后，人体各个器官的功能都基本处于微弱的状态，此时正是脂肪堆积的时刻。而我们吃过的食物要在胃里经过四个小时的时间才能够被完全消化，九点以后胃的消化能力会变弱，这些消化不了的食物就会变成多余的热量，堆积在我们的体内，日积月累，不仅我们的身体会走形，而且对我们的健康也十分不利。

女人心里话

中国居民膳食指南：1. 食物多样，谷类为主，粗细搭配。2. 多吃蔬菜、水果和薯类。3. 常吃奶类、豆类或其制品。4. 经常吃适量的鱼、禽、蛋及瘦肉。5. 减少烹调油用量，吃清淡少盐膳食。6. 食不过量，天天运动，保持健康体重。7. 三餐分配要合理，零食要适量。8. 每天足量饮水，合理选择饮料。9. 如饮酒应限量。10. 吃新鲜卫生的食物。

3. 生气是女人美丽的头号敌人

女人出门若是忘了化妆，最好的补救方法便是亮出你的微笑。

——辛迪·克劳馥（美国）

　　试问这个世界上，有哪个女人不想让自己看起来是动人的呢？其实，想让自己变得美丽动人并非难事，只要我们能把自己照顾好了，每天都能保持好的心情，这样你的美丽就能由内而外地散发出来。可是，现在有很多的女人画着精致的妆容，但是却缺少了那么一丝动人的气质，这是为什么呢？

　　如今，生活和工作的压力变得日益沉重，我们总是会遇到一大堆不如意的事情，当这些让人头疼的事情汹涌而来的时候，我们都按捺不住心中的怒火，想要将之摧毁。

　　生气，就是这些女人看起来不动人的原因，生气会让女人变丑。因为生气会严重扰乱你的内分泌，月经失调、乳腺疾病等一系列的问题就会找上你，此时不论多么昂贵的化妆品都无法补救生气带来的严重后果。

　　那么，生气会给我们带来哪些损害呢？

　　（1）损伤免疫系统

　　每次当我们生气的时候体内就会生成一种皮质醇的成分，这种成分如果在体内过多，就会影响免疫细胞的正常运转，使人们的抵抗力下降，同时还会造成内分泌失调。

　　（2）色斑

　　我们在生气的时候，血液会大量涌上头部，所以愤怒会让人脸色发红，而随着血液中氧气的减少，毒素开始增多，当大量的毒素堆积下来的时候，表现在脸上的就是色斑。

（3）月经不调

我们在生气和压抑不良情绪的时候，会造成肝气郁结，它主要表现为在经前出现周期性的乳房胀痛、头痛、失眠、情绪波动大等。严重的甚至还会出现月经不调、经期不规律、经血量少、颜色暗红等情况，最为严重的后果是导致闭经或更年期提前。

（4）乳腺疾病

中医认为，肝气不舒、气血瘀滞、经脉运行不畅，会导致乳腺增生、乳腺结节，甚至乳腺癌的发生。

（5）加速大脑衰老

每当我们生气的时候，脑血管的压力就会变大，而血液中的毒素也会升高，这些因素都会加速大脑的衰老。

（6）胃溃疡

我们在生气的时候交感神经会变得异常兴奋，血液大都集中在头部，这样一来胃肠血流量就会减少，从而使肠胃的蠕动速度减慢，引起胃溃疡。

由此可见，生气对我们的危害有多么大，那么当我们出现不良情绪的时候应该如何排解呢？

首先，要考虑清楚值不值得生气。因为生活中的很多小事都是可以化解的。

其次，多站在他人的立场上考虑问题，这样一来你心中的怒气或许就会全部消失了。

就算我们到了不得不生气的时候，也要控制好自己生气的时间，通常不要让怒火持续五分钟。

生气会给女人带来极大的危害，它不光会让我们变丑，而且还会给我们的健康造成隐患。对于那些职场中的女性而言，影响身体健康的因素还不止这些，所以，一定要好好地呵护自己。当遇到不愉快的事情时，尽量转移自己的注意力，可以找好朋友或者家人聊聊天，也可以给自己放个假，总之不到万不得已，千万不要生气。

4. 戒浮躁，保持心平气和

怒伤肝，
喜伤心，
思伤脾，
忧伤肺，
恐伤肾，
——
悲胜怒；
喜胜悲；
思胜恐；
忧胜喜；
恐胜思。
——《黄帝内经》

所谓平和质就是指人体内阴阳平和，脏腑气血功能正常。有些人先天体质平和，但是有些人则需要后天调养才能获得。古人养生，大都强调一个"和"字。清代戏曲理论家李渔曾在《闲情偶寄》中说："心和则百体和。"所以，对于人们来说要想拥有平和体质，在日常生活中做到心平气和尤为重要。

心平气和是健康的最佳状态。可是生活中的喜怒哀乐是无法避免的，那么此时就要求我们必须要有开阔的胸襟，善待他人，让自己的理智能够凌驾于感情之上，这样我们就能够避免因为情绪失控而使自身的免疫系统遭到破坏。心平气和能够让我们的血液贯通，真气舒达，一和百和，如此一来自然就会拥有平和的体质。

要想做到心平气和，就要从心理上和思想上尽量减少对身体不利的意念，保持体内平衡，使自身心气顺畅。做到心平气和，紧张、焦虑等负面的情绪在你这里就不会有市场了，人们不会因为过喜、过怒、过哀、过乐而伤及自身了。同时我们身体的免疫力会得到显著提高，如此一来，病邪无法侵入体内，我们自然就能够身体健康，体质平和。

心平气和就是要求人们戒掉"怒、悲、喜、恐、思"这些对我们身体不利的情绪，当然这并不是指我们不能笑、不能生气、不能悲伤，而是指戒掉那些过度的情绪，不要大喜也不可大悲。

适当的"喜"可以使我们的气血通畅，消除因为忧思所造成的"气积结滞"，但是狂喜则会损伤我们的阳气，易出现"乐极生悲"的结局。我们常会听到有人因为过度兴奋而导致猝死的事情。适度的悲伤能够舒缓我们的情绪，释放压力，但是如果悲伤过度就会使我们的生理功能紊乱，严重的甚至会昏厥或致病。

所以，人们的情绪只有被控制在正常的范围之内，才能够稳定下来，保持平和，一旦过度就会造成心理失衡，阴阳失调，不仅不利于平和体质的形成，而且疾病还会找到你。

要想做到心平气和就要戒掉浮躁，浮躁是我们拥有平和体质的大敌，因为我们的很多不良情绪都是因为浮躁而产生的。所以，当我们在遇到事情的时候，一定要善于自我克制和排遣，大事化小，小事化了，妥善周全地处理人际关系。

所以，要想拥有平和体质，就要做到心平气和；而想要心平气和就要从每一个细微之处做起。不论遇到什么事情，都要做到不悲不喜，宠辱不惊；与人相处时要做到正大光明，使浩然之气长存心中。

女人心里话

随着现代社会的竞争加剧，人们难免会变得浮躁和情绪化，但是，我们一定要克制住自己的情绪，戒骄戒躁。一旦出现不良情绪，我们应该学会自我排遣，努力淡化得失恩怨，有道是"克念者自生百福，作念者每生百殃"。而心平气和可以平衡阴阳，调和六脉，我们自然就能拥有平和的体质。

5. 不会休息的人同样不会工作

——列宁（前苏联）

一个不懂得休息的人，也不懂得工作。

在现代生活中，女性对自己的要求越来越高，加之生活和家庭的双重压力，已经让很多女性感到无法承受，而且她们含蓄、内敛的性格更是加重了女性的心理负荷，这使她们感到身心俱疲，于是她们不断地诅咒压力、憎恶压力，更有甚者在压力中消沉和崩溃。在生活的道路上，如果感到累了，就让自己休息一下，只有劳逸结合才能更好地前进。

在繁忙的工作和生活中能够学会放松，让自己享受生活的乐趣其实也是一种艺术，我们只有学会休息，才能够拥有更高质量的生活，我们的工作才会拥有更好的成果。当我们开始感到生活和工作的压力时，一定要学会给自己降压，让自己放轻松。工作之余适时地休息一下，平日里多参加一些体育锻炼，时刻保持充沛的精力都是我们降低生活和工作压力的有效方法。

我们不仅要避免过度的压力，同时也要避免过度安逸。如果我们的生活过于安逸，那么我们就会产生懈怠心理，这样也不利于我们的生活和工作。工作的时候就努力去工作，而休息的时候就让自己好好休息，唯有劳逸结合才能让我们更好地前进。

不论是在生活还是工作中，完全没有心理压力的情况是不存在的。如果我们的生活失去了压力，那么空虚无聊就会找上门来，时间一久我们就会对生活失去兴趣，这种状态对人们来说是要比压力还可怕的。压力是一种常态，所以人们要学会与之相处，我们可以使用一些方法来轻松地化解压力。下面给大家推荐几个化解压力的方法：

（1）找出具体的压力源

仔细地思考一下你的身边究竟有哪些压力，然后把让你感到困难的事情仔细地罗列出来，一旦这些压力源被写出来之后，你就会发现你的压力已经被化解掉一半了。然后为这些压力找出解决的办法，各个击破。

（2）积极的自我心理暗示

通过积极的自我心理暗示能够让自己的心情在最短的时间内得到平复，让你感觉到轻松。

（3）向外界寻求支持

当你觉得自己的心理压力过大，已经快要超出自己的承受范围的时候，你可以向身边的家人或朋友求助，也可以去拜访心理医生。适当地倾诉能够有效地缓解我们紧张的情绪，让我们在压力之下能获得片刻的休息，所以，千万不要让自己一个人背着压力喘不过气。

压力是客观存在的，我们不可能减掉所有的压力，但是我们可以尽自己的努力将压力减到最小，好让我们能有片刻喘息和休息的机会。即便是在重压之下，也要让自己学会劳逸结合，累了就停下来休息一下，这样我们才能更好地向前走。

6. 要想提高睡眠质量，先换一张舒适的床

生活一切都未曾改变，亘古而来改变的是人心和这个轮回。

——埃斯库罗斯（希腊）

床的舒适度对人们的睡眠深度有直接的影响。如果你的床十分舒适，那么你的睡眠质量就会提高。所以，我们可以通过打造一张舒适的床来提高自己的睡眠质量。

要想打造一张舒适的床，选好床是关键。床的高度以略高于人的膝盖为宜，垫物以铺在硬板床上软硬适中为宜，这样能够让人的脊柱始终处于正常的生理状态，从而保证人的睡眠质量。

在选购床垫的时候，一定要仔细挑选。不同材质的床垫，它们的软硬度、受力程度以及透气性方面都是不一样的，在购买的时候一定要选择最适合自己的那一款。选择床垫的时候应该尽量选择那些知名品牌，同时还要注意床垫是否有异味。

在购买床垫的时候一定要亲自试一下。可以通过坐下起立的方式，看床垫的反弹情况；用膝盖用力压在床上，测试床垫的弹性。反弹不快和弹性不佳的都不是好床垫。当你平躺在床垫上的时候，将手掌插入腰际与床垫的缝隙当中，如果你的手能够轻易地穿插进去，则表明床垫太硬；如果手掌能紧贴缝隙，则表明床垫软硬适中。

要想打造一张舒适的床，选好枕头是不容忽视的。人的颈部是人体最柔软的地方，枕头过高、过低、过软、过硬都会使头部和颈部的肌肉无法得到充分的支撑，影响颈部肌肉的放松。所以，枕头应该要保持软硬适中，高度控制在9~15厘米，保证头部比身体稍高就可以了。

只有人的头、颈、脊柱保持水平的时候，人的颈部肌肉才会得到充分放松。市面上有很多枕头，我们可以根据自己的实际状况来选择适合自己的那一款。至于枕头的填充材料则完全可以按照个人喜好进行选择。值得一提的是，现在很多人都喜欢用羽毛枕头，但是患有哮喘或者鼻炎等疾病的人应该谨慎选择。尽管羽毛枕更适合人体头部的形状，使用起来更加舒适，但是羽毛枕很可能会导致过敏反应。

要想打造一张舒适的床，选好被子也是必须的。人睡觉的时候要暖和才会睡得香甜，可是被子也不能过于厚重，否则身体在重压之下难以得到放松和休息。所以，在选择被子的时候一定要注意被子的厚薄程度，而且最好准备两条被子，一条春、秋、冬季的时候使用，另一条在夏天的时候使用。

此外，在睡觉的时候，切记不要穿紧身的衣裤，它会阻碍人体血液的流通，影响人的睡眠质量。

舒适的床能为我们提供一个良好的睡眠环境，提高我们的睡眠质量，能最大程度地缓解我们一天的劳累。所以，还在等什么，赶紧给自己换一张舒适的床吧！

女人心里话

人的一生三分之一的时间都是在床上度过的，没有一种家具会像床一样跟人的关系这么密切。一张舒适的床不仅能够提高我们的睡眠质量，甚至还能够为我们创造一个温馨浪漫的家。

7. 运动使生命更有活力

一个埋头脑力劳动的人，如果不经常活动四肢，那是一件极其痛苦的事。

——列夫·托尔斯泰（俄国）

美国弗吉尼亚大学的科学家们在通过对2000名年龄在18~60岁不等的人群研究后发现，人们的脑力水平在22岁的时候达到最高，也就是说在这一阶段人们的理解能力、阅读能力、表达能力、信息处理能力以及记忆力都处于最优的状态。而从峰值期开始，脑力最大降幅出现在27岁。我国台湾《健康》杂志刊文称："从峰值开始，大脑处理信息的速度每年会下降1%，理解新知识的能力衰退0.5%。在前期的时候人们意识不到这些变化，等到40岁左右的时候才会有明显的感觉。"

那么，我们有什么方法能够保持自己的记忆，让头脑时刻清醒吗？弗吉尼亚大学的教授们给出了答案，那就是日常多做有氧运动。运动一下，让自己出出汗，能让我们的头脑保持健康的状态，这要比任何一种形式的字谜游戏都有效得多。

每个人都会有这样的经历，刚刚想好的话，突然之间卡在嘴边怎么都想不起来了。如果这样的事情在你的身上愈演愈烈，那么你就应该尝试一下有氧运动了。

有氧运动并不是指一定要长跑，瑜伽、慢跑、太极等也都是有氧运动，在闲暇的时候练练瑜伽或者打打太极，既能够陶冶我们的性情，同时也能够阻挡因年龄引起的记忆障碍。埃里克森博士最新研究发现，人们只要每周步行十公里就能够阻挡我们记忆的衰退。而且研究还表明，一旦人们开始运动，记忆就会有所改善，如果能够坚持运动的话，那么就有可能会推迟或者抵消因年龄增长造成的记忆力减退的问题。美国国家老龄研究所也有研究表明，过去从不运动的人，在每周进行完三次耗时45分钟的有氧运动之后，他们的注意力和记忆力都得到了不同程度的增强。

有氧运动可以阻止人脑灰质的萎缩，促进人脑的一些基本性能的运作，促进新细胞的成长，改善细胞内与学习和记忆有关的细胞构成。所以，多做有氧运动对我们的大脑是有好处的。

而且，也有研究表明运动可以帮助人脑生长。适当地运动能够繁衍出新的脑细胞，而这种脑细胞是能够帮助我们区分记忆的细胞，长期进行有氧运动我们的记性会变得越来愈好，过去发生的一切能够真的做到历历在目。

女人心里话　　其实，除了有氧运动之外，食用鱼类可以为我们的脑部组织提供支持物质，能够促进神经细胞的功能。多吃鱼类和水果蔬菜，能够有效降低人们在年老以后罹患老年痴呆的风险。而且，双语体质也可以让老年痴呆症延缓四年，但是它不能完全阻止这一病症的出现。

第十章

得力于平静，强硬于温柔

生活会带给我们无限的惊喜，同时也会带给我们无限的苦恼。在困难、痛苦来临时，我们要让自己在平静中获得力量，在温柔中变得强硬。尽管我们没有办法改变人生，但是我们可以改变人生观；虽然我们无法改变环境，但是我们可以改变心境。很多事情都是由你看待生活的态度决定的。

1. 糟糕的时刻，依然要做出正确的事

理智是最高的才能，但是如果不克制感情，它就不可能获胜。

——果戈里（俄国）

生而为人，总会遇到很多让你感觉很糟糕的时刻，这个世界上有太多不尽如人意的事情，这是我们无法避免的，承受它们是我们唯一能做的，而保持清醒的头脑，做出理智的决定是让我们摆脱困境的唯一方法。

当人们处在顺境中的时候，总是能够理智地对待身边发生的一切，很多问题都可以看得很透彻，分析问题的时候也颇具条理，头头是道。可是一旦面对生活中糟糕的时刻，就慌了手脚，所有的理智全都消失不见，所有的原则道义全都放在了一边。

在常态中保持清醒的头脑是一件很容易的事情，可是要想在困难中寻找理智却是一件很难的事情。清醒的头脑、理智的思考不仅是我们渡过难关、摆脱困境最好的帮手，还是我们生活中的导航，有了它们，我们就永远不会偏离正确的航道。

要想在困难面前保持清醒的头脑就必须要学会理性思考。保持清醒的头脑能让我们发现不同，不同意味着我们所面对的事物其中一部分是合理的，而另一部分并不合理。于是，我们就要仔细地分析，理性地判断，分析哪些是合理的，哪些又是不合理的。这样，你才能在最糟糕的时刻做出正确的选择。

始终保持理性可以让我们更加淡定从容地去应对生活中的各种麻烦。理性的思考能够让我们的思想变得越发成熟，能够透过事物的现象看到其本质，并且会有新的发现，视野也会因此而变得更加宽阔。理性的思考能够让我们发现生活中很多看似合理的东西其实都存在着这样或那样的漏洞。

在面对困难的时候，如果你能够保持清醒的头脑和理智的思考，就不会有任何事情能够阻碍你的前行，也没有不幸能够将你打倒，如此你才能做出正确的判断与选择。

纵观四周，我们身边真正睿智的女人，都是会理性思考的，尤其是在面对困难的时候，也能够保持镇定，理性思考。可是，生活中大部分的女性都是完全生活在感性之中的，她们无视现实甚至逃避现实，在遇到困难的时候也没有丝毫的耐心去寻找解决的办法。最终只能在困难来临的时候做一只缩头乌龟，使生活变得越来越糟糕。

女人心里话

只有学会理性思考，我们才能成为一个完善的人，才能够在遇到困难的时候临危不惧，迅速准确地做出判断并提出解决问题的方案。

2. 明天和意外，你永远不知道哪一个先来

不要为了你想要得到的东西而糟蹋已经有了的东西，要记住，你现在有了的东西曾经是你一心希望得到的。

——伊壁鸠鲁（希腊）

人生最大的失败并不是不知道自己要什么，而是不知道珍惜眼前所有的。人们都在苦苦寻觅幸福，他们不断地去追求那些虚无缥缈的东西，他们总以为幸福在未来，但是他们却不知道，人生最大的幸福其实莫过于珍惜眼前，活在当下。

所以，从今天开始坦然地面对生活吧，好好地享受生活，享受人生的每一天。因为你永远都不知道明天和意外，哪一个会先到来。

有一位先生中年丧妻，在太太去世后不久，他对友人说："那天我在整理太太遗物的时候，发现了一条丝质的围巾。那条围巾是我们去纽约旅行的时候在一家品牌店里买的，太太一进店里就喜欢上了那条围巾，那是一条雅致且漂亮的围巾，跟我太太的气质很是搭配，我把它当作礼物买下来送给她，但是她却一直都不舍得戴，她总是说她想等到一个特殊的日子再来使用这条围巾。可是，直到她去世也没有用过这条围巾，围巾昂贵的价签至今还挂在上面。所以，再也不要把好东西留到特别的日子才用，人们活着的每一天都是特别的日子，我们活着的每一天都是幸福的日子。"

珍惜眼前，活在当下，我们的生活就是幸福且美好的，我们的内心就会变得强大起来。尽管如此，可是生活中的很多人已经感觉不到生活中的美好和幸

福了，这是为什么呢？下面这个小实验或许能为你解开其中的奥秘。

　　找五个一模一样的玻璃杯，接满水，然后加入同样剂量的白糖，最后依次品尝这五杯水。当你喝第一杯的时候，会感觉这杯水甘甜清爽，当你喝第二杯水的时候，依然会有甘甜的感觉，但是却没有第一杯那样浓烈，依次喝下去，直到第五杯的时候，你只能隐约从中品尝出微微的甜味了。

　　同样的水，同样剂量的糖，可是为什么当你依次喝完这五杯水之后，对甜的味道感觉越来越不灵敏了呢？这种现象在生理上被称为"敏感递减"。其实，我们对于生活中的幸福也有一种"敏感递减"的现象。

　　当你第一次品尝到一道好吃的菜时，第一次感受到他人的关爱，第一次闻到不知名的花香……它们带给你的惊喜总是无法言喻的，可是如果你每天都能够吃到美味的菜肴，每天都能够受到他人体贴入微的照顾，每天都能够嗅到满园花香，那么惊艳、新鲜、感动的感觉就会渐渐变淡，你会习以为常，最后变得麻木。

　　然后你开始对这样的现状感到不满，你开始羡慕他人拥有而自己没有的，你开始觉得不幸福。其实，并不是我们不再幸福了，而是我们感知幸福的敏感度降低了。

　　生活应当是我们珍惜的一种经验，而不是要捱过去的日子。我们常想要跟老朋友聚聚，但是总是说最近很忙没时间，我们想要拥抱自己正在成长的孩子，但是却总觉得时机还不够成熟，我们想要将心中对另一半的感谢表达出来，但是总告诉自

己还不着急。其实这一切并不是我们没有时间，而是因为我们知道时间很充

足，不需要这么着急，可是我们永远都不会知道明天和意外，究竟哪一个会先来临，所以，还是珍惜眼前的一切，抓紧时间去做那些想做还没有做的事情吧。

女人心里话

当你第500次看到一朵花和第一次见到这朵花一样惊喜时，那就说明你活在当下，仔细地去欣赏眼前的这朵花，细细欣赏它的娇嫩与芬芳，永远不会因为对方是自己熟悉的对象，而忽略了它的美。你现在拥有的一切，都是你曾经一心希望得到，并且经过努力和争取才得到的。

3. 生活是慢跑，不是冲刺

上帝完成了创造世界的工作，第七天就歇手休息。
——萧伯纳（爱尔兰）

现代社会过于喧嚣和浮躁，人们则在社会的喧嚣中手脚不停地忙碌着。他们之于生活就像是景区的游客，乘着汽车匆忙地驶过，他们根本就没有时间回头看看身后的美景，或者驻足停留欣赏一下身边的风景。这丰富多彩的美丽世界，在你我看来，只有匆忙和紧张，劳碌和忧愁，哪里有美感可言？

人们总是在赞美蜜蜂的勤劳，但是我们却无法否认蜜蜂这一种极端的习性是生命的一大悲哀。工蜂从出生开始就不停地忙碌，它们从来都不休息，每天都忙着把花粉搬回巢中，无休止地积累着它们眼中的财富。所以，只要外界还有鲜花盛开，它们就不会休息。很少会有工蜂活到寿终正寝的那一刻，它们大都是因为过度劳累，身体机能再也无法承受如此重荷而死亡的，这是蜜蜂的命运，也是它们的不幸。

纵观四周，我们身边有很多人都在上演着蜜蜂的悲剧。人们为了追逐名利，为了获取更多的财富，一直在拼命工作，他们从不会在任何时刻任何地点稍作停留，甚至就连吃饭也只是为了填饱肚子而已。他们这么拼命工作，到最后却落得心力交瘁的下场。等到他们幡然醒悟的时候，为时已晚，他们已经没有时间来充分感受生活的美好，最终给自己的生命留下无法弥补的遗憾。

有位哲人说过："爬山的时候，别忘了欣赏周围的风景。假如你工作的目的是为了赚钱，而赚钱的目的是为了投资，投资的目的是为了赚更多的钱，那么你在'爬山'的路上就会只顾低头爬山，完全忘记了生活的目的。"

不懂欣赏和享受日常的生活是我们最大的悲哀。学会享受我们现有的，钱是永远都赚不完的，不用太多，够花就好，而时间和爱却是我们弥足珍贵的财富，学会珍惜和享受时间与爱是我们人生中最重要的一课。

生活是慢跑，而不是冲刺，所以我们没有必要埋头向前，全然不顾周围的景色。我们的人生那么长，停留一下，让自己稍作休息又能怎样呢？顾城曾经说："人时已尽，人世很长。我在中间，应当休息。"

人们总是想着等到自己赚够了钱再放慢脚步去享受生活，可是时间是不会等待任何人的，你珍惜的一切都会在你的忙碌中悄然流逝，当你失去了所有之后，你拿着你赚到的钱又能做什么呢？

工作、爱情和游戏是人们生活中三个重要的方面，偏废了任何一方面都不能算作是一个精神健康的人。蜜蜂的勤劳是值得赞美的，可是蜜蜂的生活方式却实在是太累。我们不需要把每天的时间都安排得那么紧凑，留一点儿时间给自己，让自己休息一下，静下心来好好地欣赏一下你身边的风景，你就能发现身边忽略已久的美丽。

不论你是一事无成还是事业有成，也不论你是年轻还是年老，漫长的人生岁月里，停留片刻又何妨？人生就是一场旅程，走累了，休息一下，看看花草和蓝天，喝口茶，喘口气儿。人生不仅仅只有立正，还有稍息，适当地休息、调整，然后重新出发，更精彩的人生就在不远处等着你。

4. 世界上最不能将就的就是爱情

理智是最高的才能，但是如果不克制感情，它就不可能获胜。
——丁尼生（英国）

两个人在一起，喜欢就是喜欢，不喜欢就是不喜欢，爱情这种事情真的不能将就。试想一下，在茫茫人海中，如果能够找到一个自己心爱的人是多么不容易的一件事情，这是人生多么大的幸运啊。所以，爱情合适才是最重要的，如果你认为现在你身边的人不是最适合自己的，那么千万不可委屈自己，爱情是将就不得的。

人们都期待能拥有一份至死不渝的爱情，可是这却不是每个人都能拥有的。女人都是爱浪漫的生物，我们都在期待一份美满的爱情，可是，现实却总是那么不尽人意。毕竟人无完人，每个人都会有缺点和优点，但是当你和他在一起的时候，却只是在一味地挑剔对方，你认为这是对他爱的表现，是为了让他变得更加完美，可是你是否想过，这些都是你为了给你自己所将就的这份爱情找到的勉强的说辞呢？其实，如果两个真正合适的人在一起，是不会一味地挑剔而不赞美的，他们能够包容对方的缺点和不足，因为他们要的只是一份质朴的爱和真实的生活。

可是，很多女人却并不明白这个道理。她们不喜欢眼前的这个男人吃饭时的样子，不喜欢他在公共场所和你肆无忌惮开玩笑，不喜欢他与朋友在一起时插科打诨的样子，不喜欢他走路非要把手放在口袋里的习惯……总之，你看别人的男朋友什么都好，但是你看自己的男朋友却能从头到脚找出一大堆的毛病。其实，这并不是因为他不好，只是因为他并不适合你。时间一久，你对这份感情的投入就会变得越来越少，但是你却不舍得分手，一直让自己将就着这份所谓的爱情。

可是，要知道，感情就如同建造房子，如果你在建造的时候偷工减料，那么不论这栋房子最后建造得有多么华美，都无法承受风雨的侵袭，最终会走向坍塌的结局。

所以，爱情合理就好，千万不要委屈将就。爱就是爱，不爱就是不爱，千万不能因为一时找不到适合的就让自己勉强去接受一个自己并不爱的人。爱情真的不能将就，就像破镜无法重圆一样，一面镜子破了就是破了，即便是你找到最好的工匠来修补它，也无法弥补那道裂痕。而你将就爱情的态度给对方造成的伤害，就像是破镜的那道裂痕，会深深地留在对方的心里。

所以，对于不适合我们的爱情，我们应该学会选择放手。这是给对方也是给自己最好的交代，要知道我们都还有很遥远的未来，说不定因为你的放手会让彼此找到适合自己的美好的爱情。

女人心里话

我们在遇到称心如意的那个人之前总是会先遇到一些不适合的人，可是当时的我们却并不知情，所以，当你发现对方并不是适合你的那个人的时候，一定不要让自己勉强将就，果断放手吧。这样，当我们最终遇到那个称心的人的时候，才会心存感激，更加珍惜。

5. 一念之间，莫失莫错

机会对于不能利用它的人又有什么用呢？正如风只对于能利用它的人才是动力。

——西蒙（美国）

很多人终其一生都在等待一个能够让他们一夜成功的机遇，多少人从青丝等到了白发却依然没有等到这个机会。其实，机会无处不在，重点在于当机遇出现的时候你是否能够准确地抓住它。机遇不会打扮得花枝招展地出现在你面前，它是普普通通的，有些时候甚至都不起眼，如果你有一双慧眼，能够发现机会，抓住机会，并且能够很好地利用它，那么成功对于你而言就如探囊取物一般。

成功不在于事情的难易，而是在于自己是否真的去做了。这个世界上并不缺少机遇，缺少的是抓住机遇的手。这个世界上有那么多有才华、有能力的人，但是为什么成功的却寥寥无几？这是因为，成功的人一旦有了想法之后就会积极主动地去实践，即便是失败了也不会失去积极尝试的勇气，终有一天，他们会抓住机遇，进而成功的。而那些不成功的人，即便他们拥有再高的才华也只是光说不做，最终只能在犹豫与顾虑中与机遇失之交臂。所以，当你脑海中浮现出一个想法的时候，就立刻付诸行动，为实现自己的理想开始做准备，等你做足准备之后，机遇之神自然就会眷顾你。

有一个名叫莱恩的美国女孩儿，她从初中开始就梦想着成为一名电视节目主持人，她自认为有这方面的天赋，因为不论是谁在与她相处的时候，都会不自觉地想要与她亲近和长谈，即便是陌生人也不例外。莱恩的父亲是当地有名的牙科医生，而她的母亲在一家声誉很高的大学担任教授。她的家庭可以为她提供很大的帮助和支持，她完全有机会实现自己的梦想。可是十年过去了，她依然没有实现最初的梦想，因为她并没有为这个梦想付出过任何的努力，她一直在等待机遇的到来，她幻想着自己可以一下就成为享誉全国的著名主持人。

而另一个女孩却实现了莱恩的梦想，这名女孩叫莉莉。莉莉和莱恩一样，从小就希望能够成为电视节目主持人，但是她知道天下没有免费的午餐，一切都要靠自己的努力去争取，所以她从不等待机遇出现。她为了实现梦想在不断地充实着自己，她白天打工，晚上就去读夜校。等到她夜校毕业之后，她就踏上了求职的道路。她几乎跑遍了当地的电台和电视台，但是每个经理给她的答复都是"NO"。但是，莉莉没有气馁，她一连几个月仔细阅读广播电视方面的杂志，有一天她看到一家很小的电视台要招聘一名天气预报的播报员。于是，她很兴奋地去应聘了，结果她竟然被录用了。

莉莉在小电视台里兢兢业业地工作了两年，后来等到时机成熟之后，她选择了跳槽，随后她在一家较大的电视台中找到了一份工作。就这样过了五年，莉莉终于等到了一个难得的机会，这家电视台的一名主持人辞职了，于是领导决定在台里面选一名新的主持人来接替他的工作，莉莉毛遂自荐，最终实现了自己的梦想。

其实，机会对于每个人都是平等的，但是它来去匆匆，稍纵即逝，我们要做的就是擦亮自己的眼睛，等到它出现的时候牢牢地将它抓在手中。

女人心里话

机遇只偏爱有准备的人，所以要想抓住机遇，就要先让自己做好迎接它到来的准备。所谓"时势造英雄"，这里的"势"只不过是机遇的另一种样貌罢了，只有聪明的人才能准确地将其抓住。

6. 只愿自己对得起所受的苦

小孩是经过跌倒再跌倒，才逐渐长大的。

——前苏联谚语

在生活的道路上，很少有人会是一帆风顺的，挫折这种东西总是不可避免的。生活在尘世中的凡人们，总会遇到各种挫折，可是有的人在挫折中奋起，取得了惊人的成绩，而有些人却被挫折打败，沉沦颓废一生。在面对挫折的时候，很多人都会有逃避的心理，但是人生有些时候就是需要经过一次粉身碎骨的疼痛，才能够找到前进的方向，才能与旧日不完美的自己再见。

培根说："奇迹多是在厄运中出现的。"当人们身处逆境的时候，总是能激发出比平日更巨大的潜能，因此而取得成就。所以，当我们在面对挫折的时候，不要再因为恐惧而选择去做温室中的花朵了。躲在温室中固然可以舒适地生活，安心地生长，可是一旦花朵失去了温室的庇护，再遭遇挫折的时候，花朵们就会被摧毁了。只有那些经受过磨炼的人才能够在挫折中奋起，创造出一片新的天地。

人只有经历过挫折，才能一步一步走向成熟，唯有痛苦才能使人成长。著名作家史铁生在年轻的时候因病致瘫。在开始的时候，他无法接受这个事实，他恨过也怨过，对生活满心愤懑，甚至还生出了轻生的念头，但是他最终还是坚持了下来，他凭借着自己顽强的毅力和乐观的精神度过了人生中这个最大的挫折。他曾在《病隙碎笔》中详细记录了自己在厄运之中的陷落与自救，他在其中写道："有一天，我认识了神，在科学的迷茫之处，在命运的混沌之点，人唯有乞灵于自己的精神，不管我们信仰什么，都是我们自己的精神的描述与引导。"史铁生就是在这种精神的引导之下，勇敢地面对生活与他开的这个巨大的玩笑。他把挫折当成财富，当作上天对他的考验，最终他终于战胜苦难，成为中国文坛上闪耀的一颗星。

真正的强者不会因为幸运而固步自封，也不会因为厄运就一蹶不振，他们善于从逆境中寻找光亮，他们会时时校准自己的前进目标，他们认为即便是人生的冷遇、挫折也会是自己幸运的起点。

其实，人生就是在挫折与痛苦中度过的，人们的经验来自于痛苦的升华。挫折和痛苦并不可怕，可怕的是人们无法用自己的智慧去战胜它们。人们如果不想永远被逆境所困，那么就需要有足够的勇气和胆识来扭转这个局面，不逃避、不气馁，勇敢地面对人生的挫折和痛苦。人们都希望人生之路能够平坦无阻，可是坦途的背后总会有陷阱，挫折才是人们成功的必经之路。面对挫折的时候，勇敢地战胜它吧，不要让自己只是白白受苦。

女人心里话

佛陀曾说，人世间因为有苦难，所以人比天道众生更容易有成就。孟子也曾发出过"生于忧患，死于安乐"的感慨。一个人如果长期处在痛苦中，肯定会想办法让自己脱离苦海的，因他们不能让自己白白受这么多的苦。

7. 再苦再累也要坚强

痛苦留给的一切，请细加回味！苦难一经过去，苦难就变为甘美。

——歌德（德国）

　　女人，不管你现在正经历着怎样的痛苦和煎熬，请你一定要坚持下去，因为这艰难的日子总是会过去的。不管你当下有多么消沉低落，都一定要坚信生活依然是美好的，好好活下去，总有一天你会发现，那些曾经让你痛彻心扉的事如今已不能伤害你分毫，而那些布满阴霾的日子，让我们学会了欣赏晴空万里时的美好。

　　因为有忧伤，所以我们会更加珍惜快乐，因为有沮丧，所以我们会更加喜欢微笑。如果没有忧伤和沮丧，那么我们就无法如此深刻地体会到身边的幸福，无法深刻地感知到生活中的美好，也不会懂得欢乐和欢笑的价值。在那些阴云密布的日子里，我们要学会忍耐，静静地等待智慧之光点亮我们的去路，我们要跟随命运的指引，并勇往直前。当我们最终熬过了那段痛彻心扉的日子之后，我们就会变得愈加强大与坚强。

　　当你身处困境的时候，一定不要把这一时的困境看作永远挥之不去的怪物，当你在时间上把困难无限延长的时候，你就会让自己陷入到消极之中，无法自拔。也不要认为自己在这一方面是失败的，那么在其他方面同样也是失败的，当你这样想的时候，就会在空间上将困难无限扩大，你就会被失败的阴影所笼罩，看不到任何光明和希望。当你还在痛苦中挣扎的时候，切记不要一味地打击自己，一定要想方设法地让自己振作起来，唯有如此，你才能保持昂扬的斗志，让自己尽早摆脱痛苦。

　　让自己从苦难当中走出来的过程犹如毛毛虫破茧成蝶一样的痛苦和煎熬，

但是唯有经历过这种撕心裂肺的疼痛，我们才会变得更有智慧、更有力量。我们所经历的苦难会改变我们，它会让我们变得更加完整，感到更加幸福，同时也会让我们离自己想要成为的那个人越来越近。苦难会给我们启迪，它会指引我们去探索自己的内心，去寻求自己与内心正能量的联系。苦难，会让我们与命运合二为一。此时回头遥望，就会惊讶地发现，曾经那些让我们痛不欲生的苦难如今看来已经不再是苦难，反而透着丝丝的甘甜。

我们因苦难而成长，而苦难也通过我们体现出自身的价值。我们都希望自己的生活可以如水般平静，波澜不惊，可是命运却经常会跟我们开各种玩笑，给我们无数的坎坷和波折。此时，我们要知道，这些困难和坎坷都是生活的馈赠，它能让我们的思想变得更加清醒、深刻、成熟和完美。不要惧怕苦难，当苦难来临时，不惊不慌，让自己坦然接受，勇敢面对，当苦难过去后，你就会发现一个全新的自我，而之前遭受的苦难已经无法伤及你分毫。

在我们的生活中，有阳光就一定会有乌云；有晴天就必定会有风雨。从乌云背后解脱出来的阳光会比之前更加灿烂，而经历过风雨洗礼的天空会比之前更加湛蓝。所以，不必惧怕生活中的苦难，它会让我们变得更加美好，我们的内心也会因此而充实。

8. 父母的想念，你也许永远不知道

慈母手中线，游子身上衣。临行密密缝，意恐迟迟归。谁言寸草心，报得三春晖。

——孟郊（唐朝）

当我们逐渐长大，离开了那个从小就熟悉的家，开始独自一人在异乡求学、工作的时候，当曾经熟悉温暖的家，渐渐成为你的"客栈"的时候，当我们见到父母的频率从每天减少到一年只有一两次的时候，你永远都不知道，在你离家的这段日子里，父母是有多么想你。

你离开家之后，或许会找到一片新的天空，在那里你结识了新的同学、新的朋友，你们可以在周末或者假期的时候聚在一起，学习、唱歌、吃饭、娱乐。可是，当你在和朋友们狂欢的时候，可否想到过，在你离家的这段时间父母对你无尽的牵挂和思念？是否想过父母也会感到孤单呢？有人说："父母想念子女就像流水一样，一直在流，而子女想念父母就像风吹树叶一样，风吹一下，就动一下，风不吹，就不动。"

《论语·里仁》中有这样一句话："父母在，不远游，游必有方。"可是，如今又有几人能够做到"父母在，不远游"？

在这个世界上，不会再有任何人会像父母那样无私地爱着你，即使在夜里，当你入睡的时候，照耀在你身上的也不仅仅只有皎洁的月光，同时还有父母关切的眼神。我们每个人都应该对父母心怀感恩之心，因为是他们把我们带到这个世界上来，让我们能够享受到生活的美好，可以毫不夸张地说，如果没有父母的话，我们的生活将会是一片荒芜，我们也将会迷失人生的航向，不知道该何去何从。可是，从出生到现在，我们只是一味地从父母那里索取温暖，寻求庇护，却从来没想过该怎样去回报父母。

特蕾莎修女曾访问过一家养老院，这里的老人们都是被儿女们送过来的，而他们被送来的理由也十分相似，大都是因为子女工作太忙，没有时间照顾老人。这家养老院的生活用品一应俱全，甚至还稍显奢华，可是这里的老人们却少见笑容，他们坐在院子里，眼睛盯着大门的方向。

特蕾莎修女对此情景感到不解，于是她问其中的一名老人："这是怎么回事？为什么这些衣食不愁的人总是望着大门？为什么他们脸上没有笑容？"那位老人对她说："这里几乎天天都是如此，他们每天都在乞盼着，盼望他们的儿女来看望他们。他们的心受到了极大的刺伤，因为他们是被遗忘的人。"

其实，这个故事里的情节每天都真切地发生在我们的身边，当我们离家的时候，我们的父母就如同那些被子女送入养老院的老人们一样，他们每天都翘首以盼，希望我们能够回家看他们一下，去抚慰他们孤独的心灵。对父母来说，日子可以很长，也可以很短。当他们站在窗前日夜期盼我们回家的时候，日子对他们来说变得很长。可是，当我们回到家中陪在他们身边的时候，日子对他们来说又变得很短。所以，离家的孩子们，多抽点儿时间回家看看父母吧，哪怕我们什么都不做，只是静静地陪在他们身边，他们也会感到幸福的。

女人心里话　我们从小就习惯了父母的唠叨，已经对此感到厌烦。可是，当你离家以后你会发现你最怀念的竟然是你曾经厌烦的。现在离家的我们，能够与父母在一起的时间越来越少，哪怕是陪父母说说话也开始成为一种奢望。所以，当我们有时间的时候，常回家看看父母吧，要知道我们在想念父母的时候，他们也在想着我们。

第十一章

女人幸福要回答

如果有人问你："什么是幸福？"那么你该怎样回答呢？从我们呱呱坠地的那一刻开始，每个人都在渴求着幸福，可是却从来没有人见过幸福的模样。很多人都会说："幸福是一种抽象的感受，你感到幸福那就是幸福。"其实，幸福是可以具化成我们现实生活中的客观存在的，只要你留心观察生活，用心体会，那么终有一天，你会恍然大悟："原来幸福就是这样的呀。"

1. 保留一颗童心，会看到不一样的世界

遇到不能解决的事情，去问孩子，孩子脱口而出的意见，往往就是最精确而实际的答案。

——三毛（中国）

不知道从什么时候开始，你的脸上再也找不回孩童般天真烂漫的笑容，你的心思再也无法如孩童一样纯洁；你的世界开始变得纷繁复杂，你开始疲于应酬周围的人际，你开始厌倦现在的生活。一个人在尘世间行走得久了，心灵难免会沾染上尘埃，使原本洁净的心灵受到污染和蒙蔽。那么，在这个时候就要让自己维系一份童心，保留一份天真，以此将心灵上的尘垢清扫干净。以一颗童心去面对世界，以一颗初心去感受幸福，你就会发现你的生活开始发生变化，你会看到不同的世界。

刘晗是家里的独生女，从小父母就对她呵护备至，同时也对她教导有方，所以刘晗身上没有一些独生女的任性和骄横。不过，刘晗一直认为自己不会长大，因为她喜欢极了做孩子的感觉，所以长大之后刘晗也依然保留着自己的童心。在她的房间里你会发现有很多可爱的小东西，她用的护肤品全部都是婴儿用品，而且她还有一大堆动画片的光碟，最最重要的是她收集了满满一书柜的卡通书籍，这些都是她在中学的时候收集起来的，里面全都是美好的回忆，所以她一直把那些书籍视若珍宝。

刘晗结婚后，有了自己的宝宝，成为母亲的她并没有因此而收敛起那颗贪玩儿的心，相反的是她越加放肆了，她说自己又多了一个玩儿伴。

尽管刘晗童心未泯，但是在工作中却丝毫不会显露出来，她是一家广告

公司的平面设计师，在工作的时候，她总是表现得十分干练，而且充满幻想和童趣的创意也总是能够让老板和客户眼前一亮。在公司中，她是最有发言权的人，有时甚至就连老板都会让她三分。

刘晗说，自己之所以能够在工作中取得这样的成就，就是因为自己始终都保持一颗童心，以童心去看待世界，你会发现生活中的很多事情没有你想象的那么困难，你会看到一个不一样的世界。

明朝著名的思想家李贽说："夫童心者，真心也；若以童心为不可，是以童心为不可也。夫童心者，绝假纯真，最初一念之本心也。若夫失却童心，便失却真心，失却真心，便失却真人。"所以，不论到什么时候，你处在什么样的境地，都一定不能失去童心。对于女性来说，童心更加不能失去，因为这是一个女性享受宠爱、快乐以及青春的需要。

不要再将自己的童心搁置起来，在如今这个飞速发展且纷繁的社会中，请把童趣深深地根植在你的心中，让它生长、开花。等到你完全找回童真，收获童心的时候，你就不再在感觉自己肩膀上的负担有多么沉重，此时你将会拥有这个世界上最美丽、最开心的笑容。

这个纷繁的世界由不同的颜色构成，黑色代表苦难、红色代表热情、蓝色代表忧郁……固定的思维模式已经让我们习惯用大众所评定的眼光去打量这个世界，那么此时我们眼中的世界就只是由单一的色彩构成的。但是，如果你能够保留一颗童心，时刻让自己像孩子一样用新鲜的眼光去观察这个世界，那么你一定会发现其中还有不同的色彩，你才会看到一个五彩斑斓的世界。

2. 无论何时，请对生活微笑以待

> 我之所以高兴，是因为我心中的明灯没熄灭。道路虽然艰难，但我却不停地去求索我生命中细小的快乐。我在每天的生活中都能找到高兴的事儿。
>
> ——歌德夫人（德国）

生活是一面镜子，你对它笑，它就会对你笑；你对它哭，它也会对你哭。所以，女人如果想要拥有幸福快乐的人生，就要用积极乐观的心态去对待生活。当你微笑面对生活的时候，生活才会微笑面对你。

微笑是生活中的一剂良药，它能把烦恼转化成愉快，将孤单转变成温暖。生活中，灿烂的笑容就像是阳光一样，能够温暖人们的心田，让人们觉得这个世界充满美好和希望。

廖智是一名舞蹈老师，在汶川地震发生之前，她一直从事着自己热爱的舞蹈事业。地震发生的那一刻，由于躲避不及，廖智的双腿被从天而降的水泥板牢牢地压住，她的婆婆和十个月大的女儿就倒在她的身边，由于抢救不及时，廖智的女儿和婆婆在被压的十几个小时中先后离她而去，而她尽管得救，但是却永远失去了双腿。可爱的女儿、慈祥的婆婆，以及自己的双腿，廖智一生中最宝贵的东西在一夜之间全部都失去了，这对她来说是多么沉重的打击啊。廖智的痛苦，别人无法体会，在无数个黑夜悲泣到天明之后，廖智终于决定积极面对生活，她始终坚信自己还可以站起来，依然能够继续自己热爱的舞蹈事业。廖智说："我们要向上看，过去了的就不要再看了。"

为了能够重新站起来，廖智安装了假肢。因为双腿没有知觉，没有办法很好地支配假肢，所以在最开始的一段时间，她根本就无法驾驭假肢，在练习走路的过程中，她不知道跌倒了多少次，可是暂时的失败并没有让廖智退缩，反而激起了她的斗志。她没日没夜地刻苦练习，最终她只用了一个礼拜的时间就让自己成功地站了起来，而且她还能做出简单的舞蹈动作。

最终，在强大信念的支持之下，廖智终于又重新站到了舞台上，当她身着一身红衣跪在鼓面上跳舞的时候，灾区的父老乡亲都被她的舞姿所吸引和鼓舞。在舞台上，廖智的微笑显得那么灿烂，可是在这灿烂笑容的背后蕴藏了多少艰辛和汗水，只有廖智自己知道。紧张的排练，假肢磨合产生的剧烈的疼痛，都让廖智产生过放弃的念头，但是最终她选择了坚持，并且用微笑去面对这些痛苦。

人生之路不会是一帆风顺的，总会遇到挫折和坎坷。在生活中，不论我们遇到什么样的困难和不幸，我们都可以选择用微笑和乐观来战胜它，用微笑面对灾难，会让我们变得更加坚强。

尽管我们的生活不会一帆风顺，但是只要我们的心境是开朗的，是向阳的，那么就不会感到悲伤。生活需要微笑，不论是面对人生的风雨、情感的失意，还是事业的低谷，我们都不妨淡然一笑。微笑，代表着开朗达观；微笑，代表着豁达的胸怀；微笑，更代表着一种生活的境界。给生活以微笑，生活必定会还你以微笑。

　　生活是人们喜怒哀乐的总和，所以我们在生活中遇到的不顺心和不如意都是不可避免的，是人力无法左右的。当人们明白了这一点之后，就会以一种豁达的心态去面对生活，当这种心态占据人们心灵大部分的时候，人们就能做到微笑面对生活。

3. 心生虚荣，就会遮住自己的幸福

玫瑰就是玫瑰，莲花就是莲花，只要去看，不要比较。
——奥修（印度）

虚荣心人人都会有，它就如同爱美一样是人们的天性，尤其是女性的虚荣心尤甚。这并不是一件好事，因为虚荣心是一种被扭曲了的自尊，它引导人们产生并形成一种错误的价值观。这种观念一旦形成就会与忌妒紧密相连，两者相辅相成，它不仅会是你成功路上的大敌，同时还是你无法获得宁静的幸福生活的根源。

德国作家托马斯·肯比斯曾说："一个真正伟大的人是从不关注他的名誉高度的。"话虽如此，可是千百年来，又有几人能够真正摆脱虚荣，不为其所困，不受其所苦呢？事实上，在生活中我们每个人在看到名车、珠宝和华美的服装时都会免不了心动，但是当这些奢侈品给你带来的视觉享受已经无法满足你的需求的时候，当你认为你只有拥有这些奢侈品才会感受到愉悦的时候，你的虚荣心就太过头了。

当一个人贪慕虚荣的时候，就会变得无比自负。他们会错误地估计自己的能力，因为虚荣他们会认为自己的能力强过别人、自己的财富多过别人、自己的才智胜过别人，可是实际上并非如此。想要出人头地，赢得他人关注的欲望支配着他们，让他们不断地做出一些超出自己能力、财力和实力的事情，但是最终自己什么也得不到，贪慕虚荣最终只能落得自讨苦吃的下场，而且原本幸福宁静的生活也将会离你越来越远。

著名小说家莫泊桑曾经写过一篇名为《项链》的短篇小说，其中讲述的是

教育部职员骆尔赛的妻子马蒂尔德贪慕虚荣，最终断送了自己一生的故事。小说中讲到，马蒂尔德为了参加教育部长举办的晚会，她用丈夫准备买鸟枪的400法郎买了一身华丽的衣服，之后她又向女友借来了一条价值不菲的项链，她这样做只是为了在晚会上能出风头。晚会上，她出众的装扮果然达到了预期的效果，男宾们都望着美丽的马蒂尔德出神，马蒂尔德觉得这是一种成功，并且十分享受这种感觉。晚会结束后，马蒂尔德惊讶地发现项链不见了。夫妇二人大为惊骇，在遍寻无着的情况下，两个人只好到首饰店里买了一条一模一样的项链还给女友。而夫妇二人用了整整十年的时间，才还清了买这条项链所欠下的债务。十年后的一天，马蒂尔德又碰到了那位女友，在谈话中马蒂尔德得知当初她丢失的那条项链竟然是赝品。

为了一时的虚荣，马蒂尔德付出了沉重的代价。生活中，每个人都希望能够成为焦点，想让自己的自尊心得到满足，为了实现这一目的，人们都会选择不懈地努力。可是有些人却选择通过制造一系列的假象来迷惑他人、蒙骗自己，即便他能够通过这样的方式得到一时的满足，但是那些隐藏在浮华之下的无能和丑陋终有一天是会败露的。

抛开虚荣的包袱吧，我们不是为他人而生的，所以没有必要去在意他人的眼光和评论。如果一直在他人的目光中虚伪地过活，你只会感到疲惫，而当你抛开这一切，做回最真实的自己的时候，那么你就能重新体会到生活的宁静和幸福。

女人心里话

虚荣是一种天性，女人要比男人更容易产生虚荣心理。所以身为女人的你如果想要拥有幸福宁静的生活，那么就一定要学会用自己的意志去抵制自己的虚荣心。

4. 学会知足，才能品味幸福

但求无愧我心。

岂能尽如人意，

——刘伯温（明朝）

在生活中，总有一些女人在不停地抱怨世界的不公平，羡慕着别人的生活。她们会不停地拿自己身边的一切与他人作比较，她们总是觉得自己不如别人长得好看，男朋友没有别人的帅气，自家的车没有别人的豪华，自己的房子没有别人的大……比着比着，她们就开始长吁短叹；比着比着，她们就开始羡慕别人的生活；比着比着，她们就开始感叹社会的不公。其实，这一切都没有什么好比的，因为生活如人饮水，究竟幸不幸福只有自己才知道。说不定你羡慕的那个人，也正在羡慕着你呢。

在生活中，我们总是会羡慕别人所拥有的东西，我们羡慕他人的工作、羡慕他人的生活、羡慕他人的运气，但是却唯独忽视了一点，很多时候我们也是他人羡慕的对象。我们总是幻想自己一觉醒来就会成为别人，按照别人的生活轨迹过活，我们之所以会这样想，只是因为我们知道自己人生的缺憾，而我们总是拿自己的缺憾与那些我们认为完美的人生进行比较。

这就是我们的可悲之处，我们总是盯着他人拥有的，却看不到他人没有的，我们的目光永远在追随着他人，于是忽略了自己生命中的美好。当幸福与我们擦肩而过之时，我们才恍然大悟，但是为时已晚，只能给自己留下无尽的遗憾。

我们或许是平凡的，但是这不代表我们就不会幸福，幸福并不只属于那些我们认为完美的人，我们同样也拥有幸福，而我们的财富其实就是这些看似平凡的东西。可是，生活中的我们都被虚荣蒙蔽了眼睛，我们只有拥有一颗知足的心才能够发现这一切。

　　人应该学会知足，人不应该去强求那些本就不属于自己的东西，得不到的未尝不是一种美，这种美会时刻激励着我们去不懈地努力和拼搏，让我们永葆希望和信心。诚然，这个世界有很多的不公之处，生活也向来不是完美，但是当你仔细回想的时候，就会发现，生活已经给予了我们很多。所以就不要再和生活较真了，用一颗知足宽容的心去面对生活，感谢生活给予的，珍惜我们拥有的，那么幸福就会离我们越来越近。

　　女人总是喜欢拿自己和周围的人进行比较，可是最终的结果往往都会不尽人意。其实与他人比较不如与自己比较，每天都看看自己有没有比昨天更进步，自己是不是变得越来越好了，是不是越来越接近自己心中期望的那个目标，学会知足，不断地给自己鼓励，那么你就会做得越来越好。知足是一种了不起的、不为世俗名利所动的境界，我们可以积极进取和探索，但是在我们的内心深处，一定要为自己保留一份超脱。

女人心里话

5. 做最好的自己，幸福超越完美

既然太阳上也有黑点，人世间的事情就更不可能没有缺陷。

——车尔尼雪夫斯基（俄国）

有一则故事是这样的：一天，猪八戒心血来潮走到镜子前面，想要看一下自己的模样，可是当他看到镜子中丑陋的自己的时候，不禁大为恼火，于是他举起九齿钉耙把镜子打了个粉碎。每个人看到这则故事都会嘲笑猪八戒自欺欺人的行为，可是细想一下，生活中的每个人其实都与猪八戒一样。

猪八戒之所以会做出如此举动是因为他不能正视自己丑陋的外表，但是他的冲动对改变现状却起不到丝毫的帮助，因为破碎后的镜子的每一块碎片都反射出了一个丑陋的自己。在我们身边也有很多人就像猪八戒一样，他们无法正视自身的不足，于是就想尽一切办法将不足掩盖起来。

正所谓"爱美之心，人皆有之"，每个人都希望自己是完美的，这是一种正常且普遍的心理，可是金无足赤，人无完人，我们不可能是十全十美的。每个人都或多或少的有不足之处，即便在生活中，也有很多不完美的事情是客观存在的，它们不会以我们的意志为转移，所以我们必须要学会正视自身的不足，生活的不足，唯有如此，才能够收获幸福的人生。

猪八戒之所以会把镜子打碎，就是因为他无法正视自己的不足。当他看到镜子中自己的相貌的时候，认为是镜子将自己丑化了。如果他能够正视自身的不足，坦然接受自己的相貌，也不至于落得遭人嘲笑的下场。

正视自身的不足是需要勇气的。如果你没有勇气，那么不论你做出怎样的举动，都很难有实质性的改变；可是如果你有勇气正视自身的不足，那么你就会拥有对抗压力的信心，有挑战命运的动力。

让·雷克蒂安的左脸局部麻痹，嘴角畸形，口吃，而且讲话时嘴巴歪向一边，还有一只耳朵失聪。雷克蒂安的生活可以说已经糟糕到了极点。最初，他为了避免让自己成为众人的笑柄，总是远离人群，很少讲话，慢慢地他开始变得自闭起来。后来他的母亲得知嘴里含着小石子讲话可以矫正口吃，于是母亲鼓励雷克蒂安要勇敢正视自己的不足，并且要抓住一切机会来改变它们。

在母亲的鼓励之下，雷克蒂安每天都会在嘴里含着小石子练习讲话，时间一久，他的嘴巴和舌头都被石子磨烂了。但是功夫不负有心人，经过不懈地努力和练习，雷克蒂安终于能够流利地讲话了。

1993年10月，雷克蒂安决定参加全国总统大选，在竞选中，他的竞争对手不断地攻击他的面部缺点，他们甚至对雷克蒂安说："你认为选民们会让你这样的人来做总理吗？"面对这些攻击和嘲笑，雷克蒂安丝毫不为所动，他说："我的面部确实存在缺点，但是这并不妨碍我成为一个国家的总理，我想要带领国家和人民成为一只美丽的蝴蝶。"最后，雷克蒂安以极大的优势成功当选为加拿大总理，并且在1997年成功取得连任，而雷克蒂安也被加拿大的公民们亲切地称为"蝴蝶总理"。

泰戈尔说过："世界上什么都不完美，蔷薇是有芒刺的花卉；高高在上的天使，我相信也不是没有过失的。"是的，世界上没有任何人是十全十美的，你的不足就如同不小心滴到白纸上的墨点，如果你只盯着这一点看，又怎么会注意到白纸之外的美好和幸福呢？

女人心里话　　每个人都有自己的缺点，关键是看你怎么看待这些缺点。有些人紧紧盯着自身的缺点不放，结果让自己整天生活在阴影中；而有些人却能够正视自身的不足，扬长避短，甚至把缺点转变成自己的特点，每天都生活得幸福快乐。

6. 善良是通往幸福之路的通行证

> 善良的行为有一种好处，就是使人的灵魂变得高尚了，并且使它可以做出更美好的行为。
>
> ——卢梭（法国）

有人说，女人最大的美德是善良的心灵。英国著名哲学家休谟曾说："人类生活的最幸福的心灵气质是品德善良。"善良的女人的胸怀会比海洋和天空还要广阔，她们能够包容世间万物。一个心地善良的人他的心灵必定是富足的，他的生活必定是幸福的。

每个女人都应该在自己的心中播种一颗善良的种子，你的善良举动有时能够给他人的内心带来感动和震撼。一个善良的举动，或许能够给在痛苦的深渊中挣扎的人带来希望；能够给在黑暗中摸索前进的人带来光明；能够给在消极颓废中越陷越深的人带来向上的动力。善良是专属于女人的魅力和武器，善良能够让女人取得他人的信任和依赖，会让她们在困境中得到他人无怨无求的帮助。

莎士比亚认为，外在的相貌其实是内心世界的一面镜子，而善良能够让人变得更加美丽。一颗善良的心给女人带来的美丽远远胜过任何服饰与珠宝，善良带给女人的美丽是发自内心的，是溢于言表的，是高贵且持久的。

善良是一种看不见、摸不着的美丽，它是需要人们用心去感受和体会的。一个人如果心怀善念，那么在他成长的过程中，做过的事、说过的话都会留存在心中，一点一滴地积累起来，最后会令他的周身都散发出亲切可人的光芒。

善良是人生最伟大的信念，拥有了善良就会拥有一切，善良是人们走向幸福的通行证，是快乐和幸福的根源。生活中的善良越多，那么生活本身就会变得越美好，我们生活中的幸福大都是来自善良的心。所以，女人一定要让自己拥有一颗善良的心，当你心中有爱的时候，你才会对生活充满激情，你就不会让自己在困境中沉沦；保持一颗善良的心，你的生活才会是幸福的。

付出与收获是一个事物的两个方面，如果你想要得到更多的快乐和幸福，那么唯一迅速可行的方法就是去付出，不要担心自己的付出得不到回报，因为总有一天你所付出的一切都会带着利息一起回来的。善良是不求回报的，当你带着回报的企图来做善事的时候，善良已经在不知不觉中变了味道。当你用一颗善良的心去无私付出时，你将会收获到累累的硕果。

在生活中，我们需要善良来净化我们杂乱的心灵，不论什么时候，站在他人的立场上，多为他人考虑一下，用我们善良的心灵去温暖他人的内心，或许表面上我们得不到任何回报，但其实我们的心灵已经收获颇丰，我们的生活也变得越来越幸福。

善良是一种温馨的力量，它能够帮你聚集人气，使你成为最受欢迎的人。女人只有拥有一颗善良的心，对任何人都是亲和友善的态度，她就能够从自己的善良中获得快乐和喜悦，否则的话，她就无法被称为成功，更无法称自己幸福。

女人心里话　善良是一种难能可贵的品质，是人性中至纯至美的部分，伪善、奸诈、麻木不仁在善良的光辉的照耀下无处可遁，世间所有的丑恶，都只能躲在角落里望着善良咬牙切齿。善良的价值是无法评估的，因为它能够带你走向幸福的道路。

7. 有人分享的快乐才叫幸福

众乐乐。
——孟子（战国）
独乐乐不如

英国作家王尔德曾经写过这样一则童话故事：

巨人有一座美丽的花园，在他的精心打点下，花园里盛开着各种颜色的鲜花，很是漂亮，巨人对这座花园爱护有加。可是最近的一件事让他感到很是头疼，因为每当他外出的时候，住在附近的孩子就会偷偷跑到他的花园里面玩耍。

一天，巨人从外面回来了，当他看到孩子们在他的花园里玩儿的时候生气极了，他大声地冲他们嚷道："你们这群没教养的孩子，是谁让你们进来的？不要碰坏了我的花，快给我出去！"巨人把孩子们全部赶走之后，决定沿着花园修一道围墙，这样孩子们就再也没有办法爬进来了。

漫长的冬季过去后，终于迎来了春天，巨人想："我的花园终于可以重焕生机了。"他迫不及待地想要看到花园里开满鲜花的那一天。巨人等啊等啊，等到外面到处都开满了鲜花，处处都有小鸟清脆的叫声的时候，巨人的花园里依然是一片死寂，鸟儿不愿意来到巨人的花园里唱歌，而巨人花园里的树木花草也不愿意发芽开花，陪伴在巨人身边的仍然是皑皑的白雪。巨人望着围墙外美丽的春色喃喃自语："为什么我的花园春天还不来？"

这一天，还沉浸在伤心之中的巨人突然听见窗外有一只小鸟在唱歌，他急匆匆地跑到窗前，只见有几个孩子从围墙的小洞爬进了花园里。巨人气愤极了，就在他刚想要把这些孩子赶出去的时候，他惊讶地发现，这些孩子们走到哪里，哪里就会开出鲜艳的花朵，鸟儿也会唱起动听的歌声。

　　巨人见此情景兴奋地冲下楼去，孩子们一见到巨人都吓得跑出了花园，此时，花园里又出现了冬天颓败的景象，只有一个小孩子的身边依然有鲜花围绕。这个年龄最小的孩子没来得及跑出去，此时他正站在原地满眼含着泪水看着巨人呢。

　　巨人走到这个小男孩身边，俯下身，轻轻地将他抱起来，放在树上，这棵树瞬间就开满了美丽的鲜花，不愿意飞进高墙的鸟儿们也都纷纷飞了进来。巨人见此情景，心中已经知道了花园迟迟没有等到春天的原因。巨人被眼前的情景深深地感动了，他也认识到了自己的错误。于是他用力推倒了高墙，然后对那个年纪最小的孩子说："去告诉你的小伙伴们，这座花园现在是你们的了。"

　　从此以后，孩子们每天都能到巨人的花园里来，和巨人一起玩耍，巨人的花园成了孩子们的乐园，而巨人生活在漂亮的花园和可爱的孩子们中间，感到无比的幸福。

　　故事到这里就结束了。故事的最后，巨人终于明白，原来分享才是这个世界上最幸福的事情，能与大家一起分享的快乐才是真正的快乐。

　　巨人用一堵围墙把自我局限在一个狭小的圈子里，让自己与外事相隔绝，这种自我封闭的行为就像是契诃夫笔下那个把自己放在套子里的人一样，把自己严严实实地包裹起来，这样很容易让自己陷入孤独和寂寞之中。而这样自我封闭的结果就是在封闭自我的同时，也把快乐和幸福拒之门外了。我们每个人的心中都有一座美丽的大花园，如果我们愿意将之打开，与他人分享这座花园带来的美好与快乐，那么这份快乐在滋润他人的同时，也会让我们的心灵花园变得生机勃勃。

女人心里话

　　最理想的快乐，最幸福的生活其实就是能够有人与你分享，不论是家人还是朋友。当别人与你分享快乐的时候，你也会因此而变得快乐，当你将快乐分享给他人的时候，你将会收获双倍的快乐。所以，如果你的快乐能够分享，那么你会变得更加快乐，你的生活也会变得更加幸福。

8. 幸福，来自对生活细节的关注

小事成就大事，细节成就完美。

——戴维·帕卡德（美国）

德国专家曾经做过一项与幸福有关的调查研究，调查结果显示，人之所以会感觉到幸福其实并非偶然，人们的幸福感与人们的个人生活习惯与对待生活的细节的态度有着极大的关系。研究进一步表明，在那些表示自己很幸福的人群中，有64%的人称自己喜欢同爱人、朋友、家人共处，同他们一起聊聊天，沟通感情，能够让他们的心情变得愉快，有50%的人认为阳光和家人的亲吻是让生活变得"与众不同"的主要原因；而在那些感觉自己生活并不幸福的人群，他们把时间大都浪费在了电脑游戏或者电视剧上面，在这群人中，有69%的人表示自己沉迷于网络，此外还有45%的人表示自己热衷于电视剧。通过这个调查我们可以得出这样一个结论，那就是生活中的幸福源自于你对生活细节的观察和重视，而做好生活中的每个细节则是幸福生活的保障。

生活究竟是幸福还是不幸福全在于你怎么对待生活，如果你每天只是得过且过，那么你无法发现生活中的美好，那么也就无法拥有幸福的生活。在社会飞速发展的当下，我们的生活太过忙碌，这会让我们忽略生活中很多美好的东西。那些不论是因为生活的忙碌还是因为自己的粗心大意而遗漏的美好，有些我们能够挽回，而有些却是无论怎样也挽回不了的。

用一种积极的心态去面对生活，留心生活中的每一个细节，用心去体味生活，你就会发现原来生活处处都是那么美丽动人。

如果你还是在一个劲儿地抱怨生活没有给你美好，那么只能说明你并没有认真去对待生活。庄子曾说："天地有大美而不言。"其实，生活处处都是美好，生活中并不缺少美好，而是缺少能够发现美好的眼睛。

通过万花筒，你会看到一个五彩斑斓的世界，而通过污秽的窗户，你看到的就是灰暗的世界。如果我们善于发现生活中细微的美好，那么这些美好就像是万花筒一样，能够带我们看到一个美丽斑斓的世界；而如果你每天只是疲于奔命，得过且过，那么生活就会给你一扇沾满泥泞的窗户。

所以，试着让自己慢下来，去注意身边的细节吧，生活的美好就蕴藏在其中。当你拥有一双能够发现身边细微的美好的眼睛的时候，你才会更加热爱生活，你的生活才会因此而变得更加幸福。其实，要想发现生活中细微的美好并不难，心情烦躁的时候，抬头看看蔚蓝的天空，晴朗的阳光，顿时就会感到心情舒畅，生活美好，这时你就已经拥有了发现生活之美的眼睛了。

女人心里话

其实，所谓幸福并不是指突如其来的重大事件，如果真是这样的话，那么幸福的概率也实在是太低了。其实，幸福大多都蕴藏在生活的点滴之中，存在于构成我们日常生活的每个细节之中，生活是由生活中的一件件细小琐碎的事情串联而成的，而幸福就藏在那些细小琐碎的事情中。仔细品味生活中细微的点滴，你终会发现，原来生活是这般多姿多彩。

9. 慢慢来，不要和幸福擦肩而过

真正的平静，不是避开车马喧嚣，而是在心中修篱种菊。

——林徽因（中国）

　　如今，我们正处在一个瞬息万变的世界中，社会的发展一日千里，身边的一切都在催促着你，让你快一点儿，再快一点儿，否则就会被这个世界淘汰了。于是你就开始不断地奔跑，和自己较劲，不断地超负荷运转，要求自己要做到更快、更高、更强。为了配合这个快速运转的世界，人们不得不加快自己吃饭、恋爱、结婚的速度，于是就衍生出了速食食品、速配爱情以及闪婚的社会现象。

　　可是，这样飞速旋转的社会究竟带给了我们什么，这是一个值得人们深思的问题，在加速度下的高效率、快节奏为什么没有让我们变得更加充实、安详，反而让我们变得越来越空虚、浮躁？"我很忙"被越来越多的人挂在嘴边，我们忙到没有时间回家去看看父母，忙到没有时间找三两好友小聚片刻，忙到没有时间去享受恋爱的美好，忙到没有时间去欣赏路边肆意开放的鲜花，有些时候我们甚至忙到自己已经忘记了是为什么而忙。时间就在我们日复一日的忙碌中渐渐流逝，我们的年龄就像是树轮一样在一圈圈地增加，但是我们的头脑却像鹅卵石一样变得越来越平滑。

　　这样的生活使很多人开始觉醒，他们意识到自己是不是可以稍微放慢脚步，然后好好地考虑一下人生中的"快"与"慢"。当你停止疲于奔命的脚步的时候，你就会发现很多生活中未被发现的美好；当你能够做到知足常乐的时候，你就能够体会到身边被你忽略已久的幸福。

　　英国散文家斯蒂文森在《步行》中这样写道："我们这样匆匆忙忙地做

事，写东西、挣财产，想在永恒时间的微笑的静默中有一刹那使我们的声音让人可以听见，我们竟忘掉一件大事，在这件大事之中这些事只是细目，那就是生活。我们钟情、痛饮，在地面来去匆匆，像一群受惊的羊。可是你得问问你自己：在一切完了之后，你原来如果坐在家里炉旁快快活活地想着，是否会更好些。静坐着默想——记起女子们的面孔而不起欲念；想到人们的丰功伟业，快意而不羡慕；对一切事物和一切地方有所了解，却安心留在你所在的地方和身份——这不是同时懂得智慧和德行，不是和幸福住在一起吗？说到究竟，能拿集会游行来开心的并不是那些扛旗子游行的人们，而是那些坐在房子里眺望的人们。"

太忙碌，就让自己忘掉生活原本的意义，会让你忽略身边一直存在的微小的幸福。逝者如斯，我们都以为如果我们能够让自己变得紧张而忙碌就能够从时间的缝隙中抓住一些什么，可是最终的结果却是我们两手空空地走到了生命的尽头。只是为了忙碌而忙碌，最终我们在这趟人生的旅途中不会有任何的收获。

所以，放慢节奏，找回属于你的世界吧，在这个发展速度飞快的世界中，疲于奔命，让自己每天都疲惫不堪的人是永远都体会不到幸福的。

女人心里话　放慢速度，并非是让你变得慵懒或拖拉，而是让你在这个飞速发展的社会中找到一点儿平衡，生活得更加精致与惬意，能更好地抓住生活中的幸福，不让它与自己擦肩而过。放慢脚步，去尽情地享受你的人生吧！

有些事，只能一个人做。

有些关，只能一个人过。有些路啊，只能一个人走。